단위로 읽는 세상

단위로 읽는 세상

1판 1쇄 발행 2017. 10. 30.
1판 3쇄 발행 2018. 10. 12.

지은이 김일선

발행인 고세규
편집 강영특 | 디자인 조명이
발행처 김영사
등록 1979년 5월 17일(제406-2003-036호)
주소 경기도 파주시 문발로 197(문발동) 우편번호 10881
전화 마케팅부 031)955-3100, 편집부 031)955-3200 | 팩스 031)955-3111

값은 뒤표지에 있습니다.
ISBN 978-89-349-7927-2 03500

홈페이지 www.gimmyoung.com   블로그 blog.naver.com/gybook
페이스북 facebook.com/gybooks   이메일 bestbook@gimmyoung.com

좋은 독자가 좋은 책을 만듭니다.
김영사는 독자 여러분의 의견에 항상 귀 기울이고 있습니다.

이 도서의 국립중앙도서관 출판시도서목록(CIP)은 서지정보유통지원시스템 홈페이지 (http://seoji.nl.go.kr)와
국가자료공동목록시스템(http://www.nl.go.kr/kolisnet)에서 이용하실 수 있습니다.(CIP제어번호 : 2017027217)

이 책은 해동과학문화재단의 지원을 받아 NΛΞK한국공학한림원과 김영사가 발간합니다.

Watt

mole

Joule

calorie

Hertz

gallon

Kelvin

inch

carat

litre

lux

volt

yard

미터에서 광년까지, 칼로리에서 캐럿까지
단위를 통해 본 과학과 문화, 문명과 일상!

단위로 읽는 세상

김일선 지음

millimeter

point

Tesla

kilogram

Bequerel

Ohm

knot

Gray

ounce

Sievert

second

Faraday

김영사

"무엇인가에 대해서 숫자로 말할 수 없다면
그에 대한 지식이 빈약하고 불완전하다는 의미일 뿐이다."

-켈빈 경卿

차 례

0점의 추억

지금은 그저 재미있는 일화 정도로 이야기할 수 있지만, 당시에는 매우 가슴 아프고 당혹스러웠던 일을 먼저 말해야 할 것 같다. 대학 시절, 태어나서 처음으로 시험에 0점을 맞은 적이 있었다. 사실 누구라도 어지간해서는 0점이라는 시험 점수를 현실에서 받아 드는 경험을 하긴 어렵다. 문제의 과목은 공과대학생들이 보통은 그리 좋아하지 않는 전자기학電磁氣學이었는데, 그렇다고 그 과목에 대한 이해도나 시험 준비가 0점을 맞아 마땅할 정도였냐 하면 그렇지는 않았다고 생각한다.

그런데 채점된 답안지를 받아 보니 내가 보기엔 정답을 적어 낸 문제가 많았는데도 모두 0점으로 처리되어 있었다. 당시 이 과목을 담당하셨던 교수님은 항상 수업 시간에 '실험복'이라고 불리던 흰 가운을 입고 들어오시던, 현직에서 은퇴하신 노교수님이었다. 당황스런 마음을 겨우 추스르며, 내가 보기엔 분명히 답을 맞게 적은 것도 많았는데 왜 문제마다 점수가 죄다 0점이냐고 여쭤보자 교수님에게서 돌아온 대답은 간단했다. "단위를 표기하지 않았잖아."

예를 들어 '이러저러해서… 전압이 얼마인가?'라는 문제의 답이 '10V'였다고 하면, 내 답안지에는 그저 '10'이라고만 쓰여 있었던 것이다. 원칙에 충실하셨던 그 교수님께서는 '그래도 숫자라도 맞았으니 반만이라도 점수를 달라'는 애원을 단호하게 거절하셨다. "10과 10V가 어떻게 같은 것이냐?"라고 일갈하시던 모습이 지금도 기억에 생생하다. 나로선 다행이었는지, 같은 상황에 처했던 동료들이 몇 명 더 있긴 했지만, 아무리 그래도 중간고사 0점의 충격은 상대 평가로 학점을 매기던 시대에 결코 극복할 수 없는 벽이었다. 당시에는 D나 F를 받아야만 재수강이 가능했던 터라, 결국 별로 좋아하지도 않았던 과목인 전자기학은 재수강도 불가능한 최저 학점과 함께 내 머릿속에 영원히 각인되는 과목으로 남았다. 물론 '단위'라는 무뚝뚝한 단어도 함께.

학생 때는 단위를 단지 전압이나 힘 같은 물리량을 표현하는 말, 혹은 시험을 보기 위해 필요한 지식 정도로 여겼던 것 같다. 그러나 나름의 아픈 경험 이후 '단위가 대체 뭐지?'라는 생각을 가끔 해보게 되었고, 의외로 생각지 못했던 측면이 점점 다가왔다. 단위가 단지 길이나 무게, 속도처럼 일상에서 필요한 몇 가지 특성이나, 혹은 전압, 전류 같은 물리 시험과 관련된 성질을 표현하려고 만들어진 게 아니라는 느낌이 들었다.

사실 이공계 과정을 배우다 보면 너무도 많은 종류의 단위와 마주치게 된다. 그리고 대부분의 경우 각각의 단위가 갖는 본질적 의미는 제쳐두고(사실 이해하기도 힘들다) 당장 필요한 용도로만 그 단위를 쓰는 정도에서 멈추고 만다. 물론 나 역시 마찬가지였다. 하지만 보면 볼수록 단위라는 것이 정교하게 만들어져 있다는 사실을 알게 되었다. 또한 단위들이 이공계라는 틀 안에서만 존재하는 것이 아니라는 점도 점차 분명하게 보이면서, 나름 신선한 발견이라도 한 것 같은 느낌이 들기도 했다.

연료가 동나버린 비행기

그런데 이런 개인적인 일이야 시간이 지나면 그저 웃으며 이야기하는 선에서 끝날 수도 있지만, 단위를 신중하게 다루지 않아서 커다란 사고로 이어진 일도 결코 드물지 않다. 누구나 사고가 나지 않기를 바라고 또 그렇게 되도록 노력하지만, 현실에서 사고를 완벽하게 피하는 방법은 없다. 크고 작은 사고의 원인은 다양하지만, 누가 봐도 중요한 사안에는 항상 더 많이 주의가 기울여지기 때문에 이런 영역에서 문제가 발생하는 경우는 드물다. 오히려 작은 실수가 큰 사고로 번지는 경우가 많다. 크고 복잡한 장비를 다루다가 일어나는 사고는 보통 기계적 결함, 장비 조작의 실수, 혹은 날씨와 같은 외부적 요인 때문인 경우가 대부분이지만, 어이없게도 단위가 빌미가 된 경우도 적지 않다.

단위 문제로 항공기 사고가 일어나 커다란 인명 피해를 낼 뻔한 적도 있다. 1983년 7월 23일, 61명의 승객을 싣고 캐나다 몬트리올에서 에드먼턴을 향할 예정이던 에어캐나다 항공사의 보잉 767 여객기가 출발을 앞두고 연료계에 문제가 생겼다. 당시 이 기종은 운항을 시작한 지 4개월밖에 되지 않은 최신형으로, 가장 앞선 성능을 갖고 있었지만 유독 연료계가 고장을 자주 일으켜서 조종사들의 불평이 컸다고 한다. 연료계가 또 말썽을 일으킨 것이라고 생각했던 기장은 보급팀에게 연료량을 수동으로 점검해달라고 요청했고 연료 보급팀은 연료가 충분히 채워졌음을 확인했다. 비행기는 중간 기착지에서 다시 한 번 연료량을 수동으로 점검받았고, 이때도 아무 이상이 없었다. 그러나 다시 이륙한 후 한 시간쯤 지났을 때, 목적지까지 절반가량을 비행한 시점에서 연료 부족 경고음이 울리기 시작한다.

갑자기 비상 상황을 맞이한 기장은 가장 가까운 김리 공항 쪽으로 기수를 돌릴 수밖에 없었고, 결국 연료가 완전히 떨어진 상태에서 비행기를 공기의 힘으로만 비행하는 글라이더처럼 활공시켜 착륙을 시도했다. 그러나 승객을 싣고 비행하는 보잉 767처럼 무게가 100톤이 넘는 제트 여객기는 엔진이 꺼진 상태에서도 날 수 있도록 설계되어 있지 않다. 엔진이 작동하지 않으면 이륙이나 비행은 물론이고 정상적인 착륙도 불가능하다. 엔진이 꺼진 상태로 착륙을 시도하는 과정에서 뒷바퀴는 무사히 펼쳐졌으나 앞바퀴가 제대로 펼쳐지지 않았다. 다행히도 여객기는 앞부분이 땅에 부딪힌 뒤 미끄러지면서 착륙에 가까스로 성공했고, 10명만 가벼운 부상을 입었을 뿐 탑승객은 무사했다. 기장의 뛰어난 조종 덕택에 큰 사고는 면한 것이다.

사고의 원인은 무엇이었을까? 조사 결과, 놀라운 사실이 드러났다. 보통 항공기의 전체 중량을 파악하기 위해서 공항 직원들은 연료의 양을 킬로그램 단위를 사용해서 표시했다. 반면 연료 공급 업체는 연료량을 리터로 표시했다. 우리가 주유소에서 자동차에 기름을 넣으면서 30kg이 아니라 30L를 넣는다고 이야기하는 것과 마찬가지다. 그런데 항공 연료 1L의 무게는 0.8kg이다. 연료 점검봉을 연료 탱크에 꽂아서 파악하는 연료량은 연료의 부피(L)이므로 이를 무게(kg)로 바꾸려면 0.8을 곱해야 한다. 그러나 무게 단위로 킬로그램이 아니라 파운드를 쓰는 데 익숙한 기장은 연료 점검봉에 찍힌 숫자에 파운드로 무게를 계산할 때처럼 1.77을 곱하고선 이 값을 킬로그램으로 생각했다(연료 1리터의 무게는 1.77파운드이므로). 1L의 연료가 주입되었다면 무게로는 0.8kg의 연료가 실린 것인데, 두 배가 넘는 1.77kg의 연료가 들어 있다고 착각해버린 것이다. 파운드를 킬로그램이라고 생각한 사소한 실수가 하마터면 수십 명의 목숨을 앗아갈 뻔했던 셈이다.

그런데 미국에서는 무게의 단위로 통상 파운드를 쓰고, 더욱이 보잉 767은 미국 회사가 만든 항공기인데 왜 이런 일이 벌어졌을까? 전통적으로 미국 산업계는 꼭 필요하지 않은 이상 야드파운드법의 단위계를 이용해서 제품을 개발한다. 자동차 산업처럼 세계 각국에서 부품을 조달하고 다양한 회사와 경쟁해야 하는 부문에서는 오래전부터 미터법을 썼지만, 항공 산업은 세계 시장에서 미국의 지배력이 압도적이어서 굳이 미터법을 쓸 이유가 없는 대표적인 분야였다. 하지만 1980년대의 상황에서 보잉 767은 특별한 기종이었다. 개발비 절감과 다양한 시장

확보를 위해서 처음부터 일본, 이탈리아 등 미터법을 쓰는 나라들의 업체와 공동으로 개발해 이례적으로 미터법에 기반을 두어 제작된 기종이었다. 다양한 문화가 하나의 목표를 향해서 움직인다는 것이 말처럼 우아하기만 한 일은 아니라는 것을 보여준 사고였다고 할 수 있다.

불타버린 우주선

단위와 관련된 사고는 지구 바깥에서도 일어났다. 1999년 9월, 나사 NASA(미국 항공 우주국)에서 쏘아 올린 '화성 기후 궤도선MCO, Mars Climate Orbiter'이 화성 근처까지 성공적으로 도달한 뒤 화성에 진입하다가 추락하는 사고가 발생했다. 무려 1억 2,500만 달러의 예산이 투입된 사업으로, 286일 동안 우주 공간을 날아 비로소 화성 궤도에 진입하려던 탐사선이 순식간에 불타버린 것이다.

비단 이 우주선이 아니더라도, 모든 종류의 우주선 발사에는 엄청난 비용이 들어가기 때문에 실패하면 막대한 손실을 피할 수 없다. 그러므로 모든 우주선 발사 프로그램은 개발부터 발사, 완료까지의 각 단계에 최고 수준의 안정성을 확보하려 애쓴다. 물론 어떤 일이라도 사고를 완전히 피할 수는 없는 노릇이기는 하지만, 우주 프로그램처럼 엄청난 예산이 투입되는 경우에는 동일한 종류의 사고가 다시 일어나는 일을 막기 위해서라도 사고 원인을 철저히 파악하는 과정이 반드시 필요하다.

나사에서는 은퇴한 연구원들까지 동원하여 면밀한 조사를 진행했다. 그 결과 어이없게도 단위를 혼동해서 사용한 것이 사고의 원인이었음이 드러났다. 나사에서는 미터법 단위를 사용했는데, 탐사선을 제작한 록히드 마틴사의 개발 팀 중 한 곳에서 야드파운드법 단위를 사용했던 것이다. 록히드 마틴사는 단순히 탐사선을 제작해서 나사에 제공하는 데 그치지 않고, 탐사선이 화성 궤도에 진입할 때까지 나사와 함께 공동으로 프로그램에 참여하고 있었다. 그런데 탐사선이 화성 근처에 다다른 후 화성 주위를 공전하는 궤도에 진입하는 데 필요한 정보를 나사와 록히드 마틴사 사이에서 주고받는 과정에서 이들이 사용한 단위가 달랐던 것이다. 당연히 엉뚱한 값이 두 조직의 관제소 사이에 오갔고, 그 결과는 치명적이었다.

이 사고로 인해서 나사와 록히드 마틴사는 당시 진행 중이던 다른 탐사 계획에 미터법 단위만이 쓰이고 있는지 부랴부랴 확인하는 과정을 거칠 수밖에 없었다. 또한 미국 내에서 미터법을 지지하는 쪽에서는 이 사고를 계기로 미국이 미터법만을 사용해야 한다는 목소리를 한껏 높였다. 그러나 여전히 미국에서 미터법만이 사용되는 일은 일어나지 않고 있는 것을 보면 일상생활뿐 아니라 전문 분야에서조차(물론 해당 전문 분야의 종사자에게는 그것이 일상이긴 하다) 익숙한 단위를 버린다는 것이 얼마나 힘든 일인지 알 수 있다. 이처럼 어마어마한 예산을 들여서 첨단 기술을 집약해 만든 우주선이 화성에 거의 도착해서 착륙에 실패한 이유가 고작 단위 변환의 실수 때문이었다는 것이 드러나자 당연히 좋은 뉴스거리가 되었고, 이 사고는 어이없는 실수로 빚어진 대형 사고의 대표적 사례로 자리 잡아버렸다.

김리 공항의 사고와 마찬가지로, 이 사고도 굳이 따지자면 사소한 부주의에 의해서 일어난 것이라고 치부할 수도 있다. 그러나 그로 인한 피해는 상상 이상이라는 점에서 공통점이 있다. 많은 인력과 예산, 시간, 노력을 투입하고 집중해서 추진하는 일조차 작은 실수로 인해서 수포로 돌아갈 수 있다는 사실을 알려주는 공익 광고치고는 제작비가 너무 많이 든 셈이었다고나 할까.

단위로 들여다본 세상

사실, 단위는 언뜻 의식하기는 힘들지만 사회를 떠받치는 중요한 기둥 중 하나다. 모두가 사용하는 공통의 기준이 어떤 식으로 삶에 녹아들어 있는지를 살펴봄으로써 우리가 부지불식간에 어떤 식으로 의사소통을 하는지, 인간이 자연을 어떤 식으로 바라보고 이용하는지를 알 수 있다. 단위는 사람들이 모여서 살아가는 데 필수적인 도구였던 만큼 역사가 길다. 뿐만 아니라 각각의 문화권마다 다양한 단위가 만들어지고 사용되어왔다. 어떤 단위는 생명력이 길지만, 그렇지 못한 단위도 많다. 사람들에게 사랑받은 단위가 있었던 반면, 그렇지 못했던 단위도 물론 있었다. 또한 어느 시대, 어느 사회에서나 필요한 도구라는 특성 때문에 단위에는 그 사회의 다양한 측면이 투영된다. 그러므로 단위를 통해서 여러 가지를 살펴볼 수 있다. 단위라는 창을 통해서 사회를 바라볼 수 있는 것이다.

이 책을 쓰고자 생각하게 된 직접적 계기는 앞에서 이야기했던 필자 나름의 쓰라린 개인적 경험이었다. 의미 부여가 되지 않은 숫자가 가져오는 무시무시한 결과는 개인의 영역에서는 다행히도 중간고사의 0점짜리 답안지에 불과했다. 그러나 수많은 사람들이 얽혀 있는 사회에서는 앞서 든 사고의 예에서 보듯 이런 사소한 수준의 결과에 머무르지는 않을 것이다. 그런 점에서 보자면, 인간이 만들어내고 사용하는 가장 객관적인 도구인 단위를 통해서 세상을 바라보는 기회를 가져보는 것은 충분히 의미 있는 행위가 되지 않을까 싶다.

오늘날은 창의성이 굉장히 강조되는 시대다. 실제로 창의성이 가장 중요한지는 모르겠다. 아무튼 그럴 때일수록 가장 논리적이면서 체계적이고, 동시에 언제 어디에서나 곁에 있으되 존재를 잊기 쉬운 친구와 마찬가지인 단위를 통해서 공존과 소통, 사회의 일체성에 관하여 생각해볼 수 있지 않을까 기대해본다.

2017년 가을
저자

1

단위 없이
소통할 수 있을까

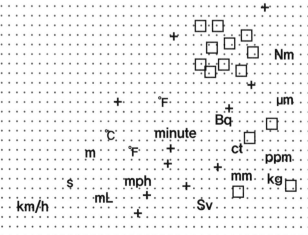

음성, 문자, 몸짓, 표정, 그리고 보편적 상식과 통념 등, 타인과의 소통에는 다양한 도구가 필요하다. 물론 언어가 가장 중요한 의사소통 수단이지만 언어는 추상적이다. 내가 생각하는 A라는 개념을 과연 다른 사람도 같은 개념으로 받아들이고 있는지는 아무도 모른다. 이런 차이를 극복하기 위해 또다시 추상적인 개념을 표현하는 단어들의 조합을 이용하는 것만으로는 확실한 결론에 다다르기 어렵다. 결국 언어가 의도된 역할을 충분히 수행하려면 추상성을 극복해야만 하는 것이다.

당신은 지금도 뭔가를 재고 있다

잠자는 시간을 제외하고, 깨어 있는 동안 사람들이 가장 많이 하는 일은 무엇일까? 어떤 사람은 걷는 시간이 많고, 어떤 사람은 앉아 있는 시간이 많고, 누군가는 모니터나 스마트폰의 화면을 보는 시간이 많을 수도 있다. 그러나 정작 사람이 깨어 있는 동안 잠시도 쉬지 않고 지속적으로 하는 행동은 무엇인가를 감지하는 것이다. 이 행동은 의식적이기도 하지만 무의식적이기도 해서, 잘 인식하지 못하기 쉽다. 그러나 인식하건 아니건, 누구나 쉬지 않고 다양한 대상을 자신만의 느낌으로 변환하고 있음은 분명하다.

아침에 잠에서 깨어 처음 의식적으로 한 행동이 시계를 본 것이라고 해보자. 이는 시간이라는 물리량을 파악해서 숫자로 바꾸어 인식한 것이다. 그렇다면 아침에 일어나서 처음 수행한 감지 행위가 시간 파악일까? 그렇지 않다. 실제로는 시간보다 먼저 파악하는 대상이 여러 가지 있다. 사람의 감각기관 중 일부는 마음대로 조절하는 것이 불가능하며, 이러한 감각 작용은 대부분 무의식적으로 이루어진다. 누구나 눈을 뜨자마자 공기의 상태를 파악한다. 비록 머릿속에서 습도를 수치로 변환하지는 않아도 방 안의 온도와 습도, 기압을 온몸으로 감지한다. 온도와 습도, 기압이 통상적인 범위 안에 있다면 잘 의식하지 못하고 지나갈 것이다. 그러나 유난히 방 안의 온도나 습도가 높거나 낮다면 불쾌감을 느끼게 된다. 그러면 머릿속에서 무의식적으로 그 정도를 자신만의 척도로 변환해 '방이 굉장히 덥네', 혹은 '왜 이렇게 건조하지' 하는 식으로 반응하게 된다. 그뿐이 아니다. 누구나 눈을 뜨자마자 방 안의 밝기도 파악한다. 청각은 자의적으로 조절이 되지 않는 감각이므로 잠에서 깨어나면 본인의 의지와 무관하게 곧바로 주변에서 나는 소리를 파악한다. 물론 자고 있는 동안에도 어느 정도 이상으로 큰 소리가 들리면 잠이 깨기도 한다.

이와 같은 거의 무의식적인 측정 행위들은 이후에도 연속적으로 이루어진다. 걸음을 옮길 때마다 발바닥에 느껴지는 압력과 바닥의 질감을, 욕실에서 세수를 하면서 물의 온도와 수압을 판단한다. 의식하지 않더라도 욕실의 밝기와 물소리의 크기를 파악함은 물론이다. 아침 식사 중에는 숟가락과 같은 식기의 질감과 무게, 음식의 양 등을 파악하고, 더불어 식사 메뉴의 색깔, 온도, 양, 질감 등도 파악한다. 그러나 이런 생체적 측정 행위들이 반드시 대상의 상태를 숫자로 변환하는 것은 아니다. 그것은 몸이 몇몇 감각을 숫자로 바꿀 줄 몰라서가 아니라, 사용하기에 적당한 단위가 없거나 우리가 그런 단위를 사용하는 데 익숙하지 않기 때문이다. 온도나 시간같이 단위 사용에 익숙한 물리량은 대부분 대략적인 값으로라도 머릿속에서 숫자로 바꾸게 마련이다.

이후로도 측정은 계속된다. 핸드폰의 충전 상태를 확인하고, 교통수단을 이용해서 이동할 때는 교통수단의 속도, 가속도, 목적지까지 남은 거리와 시간, 차 안의 온도, 습도, 소음, 진동 상태와 같은 것을 파악하고 느낀다. 해당 물리량에 대한 구체적 이해가 있어야 하는 것도 아니다. 집 안에서 청소나 세탁을 하고 있다면 먼지의 양, 세탁물의 상태, 건조도, 태양과 바람의 강도 등을 자신도 모르는 새 감지하고 판단하고 있을 것이다. 걷고 있을 때는 신발의 쿠션, 노면의 상태 등을 인지하고 날씨에 따라 바깥의 밝기가 어떤지, 바람은 얼마나 부는지와 같은 것도 빠지지 않고 파악한다. 대기의 상태, 주변의 밝기, 소음, 주변에서 만들어지는 여러 가지 냄새도 인지한다. 몸치장을 한다면 화장의 색채, 질감 등도 확인해야 하고, 입고 있는 옷의 색깔, 두께, 질감, 빛의 반사 정도, 몸에 걸친 액세서리와 장식품의 모양, 빛깔, 투명도, 무게, 크기 등도 이미 파악하고 있다. 이처럼 우리가 무엇인가를 재는 행위의 목록은 끊임없이 이어진다.

심지어 특별한 행동을 하고 있지 않다고 생각될 때조차도 오감을 통해서 의식·무의식적으로 주변 상황을 파악한다. 누군가를 만난다면 상대의 키, 머리 모양, 복장의 질감, 색상 등을 거의 자신의 의지와 무관하게 계속 파악하게 된다. 그 대상이 반드시 우리가 아는 물리량인 것도 아니다. 때로는 상대방의 표정, 감정, 생각까지 감지하려 한다.

결국 인간이란 끊임없이 무엇인가를 측정하는 존재이며, 일상이란 의식적 혹은 무의식적으로 대상의 상태와 특성을 감지하는 행위의 연속인 셈이다. 일상에서 반복되는 감지 행위에서 측정되는 물리량만 해도 시간, 온도, 습도, 압력, 무게, 부피, 열량, 전력량, 속도, 가속도, 거리, 밝기 등 굉장히 종류가 많다. 사람은 흔히 오감五感이라고 불리는 다섯 가지 감지 능력(시각, 청각, 미각, 후각, 촉각)을 조합해서 다양한 물리량을 감지한다고 생각하기 쉽지만, 사실 인간의 감지 기관은 이 다섯 가지만이 아니다. 대표적으로, 인간은 귀 속에 들어 있는 세반고리관을 이용해서 가속도를 느낀다. 가속도는 놀이기구를 탈 때만 느껴지는 물리량이 아니다. 자동차를 탔을 때 출발, 정지, 회전 등을 판단하고, 몸의 움직임을 느끼는 것도 가속도를 감지하기 때문에 가능한 일이다.

또한 인간이 느끼는 물리량 중 어쩌면 가장 중요한 것인지도 모르는 것으로 시간이 있다. 그러나 놀랍게도 인간이 어떻게 시간의 흐름을 느끼는지는 아직까지 밝혀져 있지 않다. 시간의 흐름을 느끼는 감각기관이 어디인지는 아무도 모른다. 이것이 놀랍게 느껴진다면, '시간'이라는 것이 정확히 무엇인지조차 아직 알아내지 못했다는 사실은 더욱 놀라울 것이다. 그럼에도 인간이 시간을 상당히 정교하게 정의하고, 측정 방법을 만들어냈다는 사실은 아이러니하기까지 하다.

상황이 이런데도 오감만이 인간이 가진 감각의 전부인 것처럼 여겨진 이유는 오감을 담당하는 감각기관들인 눈, 코, 입, 귀, 피부가 신체 외부에 드러나 있어서 쉽게 눈에 띄기 때문이 아니었나 싶다. 이런 맥락에서 본다면 사람이 깨어 있다는 것은 몸을 자신의 의지대로 움직일 수 있고 사고할 수 있다는 의미도 있지만, 감각기관이 작동하고 있다는 의미도 포함된다고 보아야 한다. 실제로 몸이 아플 때 느껴지는 통증도 잠이 들면 느끼지 못한다. 몸을 원하는 대로 움직이려면 감각기관이 정상적으로 작동해야 한다. 땅바닥을 비롯한 주변 사물과의 거리를 가늠하는 시각, 발바닥에서 작동하는 촉각 등이 없다면 팔다리와 척추가 적절하게 움직이도록 근육을 조절하는 행동은 불가능하다. 의식하고 있지 못할 뿐, 누구나 무의식적으로 항상 무엇인가를, 그것도 상당히 다양한 물리량을 '재고' 있는 것이다. 사람은 그래야만 움직일 수 있다.

숫자에 의미를 부여하려면

사람들이 모여서 함께 지내려면 필연적으로 여러 가지 규칙이 있어야 한다. 번거롭게 보일지 몰라도 규칙의 목적은, 모두가 조금씩 불편함을 감수해야 하더라도 결과적으로는 규칙이 없을 때보다 모두가 편리함을 누리도록 하는 데 있다. 그러므로 어떤 사회, 어떤 집단에서건 일단 만들어진 규칙은 따르는 것이 합리적이고 자연스런 일일 수밖에 없다. '로마에서는 로마법을 따르라'는 격언처럼, 마음에 들지 않더라도 자신의 방식을 고집하기보다는 보편적으로 통용되는 규칙을 따르는 것이 권장되는 것이다. 이 격언에서 우리는 고대 로마에 독자적인 규칙이 존재했다는 사실과 더불어 로마 이외의 다른 지역에도 나름의 규칙이 있었다는 점, 그리고 그런 규칙들이 서로 충돌하는 경우가 많았다는 사실을 유추할 수 있다. 또한 이 격언은 이처럼 서로 다른 규칙이 부딪치는 상황에서는 자신의 규칙을 밀어붙일 수 있는 능력이 있는 쪽의 규칙이 통용된다는 점도 드러낸다. 단 한 줄의 격언이지만, 인간 사회의 중요한 특성을 잘 보여주는 것이다. 이런 점은 오늘날도 마찬가지다.

그러나 사회가 유지되려면 규칙만으로는 충분하지 않고, 구성원 사이에서 의사소통이 가능해야 한다. 규칙과 의사소통이 핵심적인 요소란 이야기다. 흔히 타인과 의사를 주고받거나 자신의 생각을 표현하기 위해서는 언어만 있으면 된다고 생각할 수도 있겠지만, 그렇지 않다. 언어는 본래 추상적이기 때문에, 인간은 자신의 의사를 표현하는 방법으로 언어 이외에도 표정이나 몸짓과 같은 다양한 보조 도구를 발전시켰다. 그러나 이것만으로는 여전히 내가 생각한 의미와 상대방이 받아들이는 의미가 똑같다는 보장이 없다. 예를 들어 두 사람이 주어진 일을 '가능한 한 빨리' 처리하기로 합의했을 때, '가능한 한 빨리'가 어느 정도의 기간인지를 의미하는지는 두 당사자에게도 분명하지 않다. "최선을 다해 성심껏 노력하겠습니다"라는 말은 사람에 따라서는 "아무 일도 하지 않겠습니다"와 같은 의미로 받아들여질 수도 있는 것이다. 그러므로 명확하게 의사를 전달하기 위해서는 언어를 보조해서 객관적 정보를 전달할 도구가 추가로 필요하게 된다.

인간이 만들어낸 것 중에 확실하게 (그리고 어쩌면 유일하게) 객관적인 것이 있다면 아마도 숫자일 것이다. 숫자에는 개인의 가치관에 따른 '차이' 같은 것은 존재하지도 않고 용납되지도 않는다. 숫자는 모호함이 없다는 면에서 언어의 다른 요소들과 확연하게 구분된다. 말로써 표현되는 '좋다'가 반드시 좋다는 의미를 갖지 않을 수도 있고, '싫다'가 반드시 싫음을 뜻하지 않는 사례는 인간이 존재하는 한 끝없이 이어지겠지만 숫자는 그렇지 않다. 1과 2 자체에는 복잡 미묘한 의미가 부여되어 있지 않다. 둘 중에서 자신이 더 좋아하는 숫자와 덜 좋아하는 숫자가 있을 수는 있어도, 누구에게나 1보다는 2가 큰 숫자다. 또한 숫자는 때와 장소나 상황에 따라서 다르게 이해되지 않는다. 다르게 이해되어야 하지도 않을뿐더러, 그런 의도로 사용되지도 않는다. 이처럼 숫자와 모호함은 태생적으로 친하지 않다. 그래서 누구나 모호함을 유지하고 싶을 때는 말과 글에서 숫자를 배제하고, 모호함을 제거하고 명확하게 표현하고 싶을 때는 숫자를 사용한다. 정치가들이 숫자를 그다지 입에 담지 않는 이유도 여기에 있다. 얼마나 많은 정치가들이 어설프게 숫자를 언급했다가 후일 곤경에 처했는지를 떠올려보면 된다. 반면에 성과를 요구하는 측에서는 목표를 숫자로 제시하는 경우가 많다. 숫자가 가져오는 객관성을 누구나 알고 있다는 뜻이다.

그런데 숫자 자체는 객관적일지 몰라도 숫자에는 아무런 구체적 의미가 들어 있지 않다. 어떤 물건의 길이는 100, 무게가 10이고 가격이 5라고 표현한다면 여기에서 무엇을 떠올릴 수 있을까? 이런 식의 표현에는 무엇인가 정보가 있는 것 같아도 실상 아무 정보도 제공되고 있지 않다. 마치 누군가가 눈앞에서 전혀 알지 못하는 외국어로 떠드는 것과 마찬가지다. 숫자만으로는 아무것도 전달할 수 없다. 그러므로 숫자로 무언가를 표현하려면 다른 보조 수단을 사용해야 한다. 물이 없으면 살 수 없지만 물을 마시려면 컵이 필요한 것처럼, 숫자를 쓰려면 숫자에 의미를 부여해주는 도구가 있어야 하는데, 단위가 그 도구다. 숫자에 단위가 붙음으로써 비로소 객관적이면서 의미를 가진 표현이 되는 것이다.

단위는 인간 사이에서만 유용한 것이 아니라 인간이 자연과 맺는 관계에서도 중요한 역할을 한다. 인간이 자연을 분석적으로 바라볼 때에는 어떤 형태로건 잣대가 필요하다. 자연을 어떤 존재로 바라볼 것인지는 개인의 선택에 따를 문제이지만, 그와 관계없이 자연은 냉소적이고 감정이 없는 존재다. 자연을 주관적 관점에서 '아름답고', '위대하며', '심오한' 무엇으로 바라보는 것은 개인의 자유이지만, 바다가 '화'가 나서 파도가 거칠어지고, 바람이 '기분이 좋아서' 산들바람을 보내주고,

공기가 '우울해서' 안개가 끼는 것은 아니다.

단위는 인간이 자연을 바라볼 때 객관적 의미를 부여하는 도구이고, 인간이 자연을 바라보는 창문과 같다. 몸무게를 의미하는 숫자 뒤에 kg이, 서울에서 부산까지의 거리를 나타내는 숫자에 km가, 매일 아침 일기 예보에 표시되는 오늘의 기온에 ℃가 함께함으로써 비로소 인간이 자연의 특정한 측면을 객관적으로 이해할 수 있게 되는 것이다. 어떤 의미에선 대상을 객관화하는 수단인 숫자와, 숫자에 의미를 부여하는 단위가 만나서 자연을 객관화해주는 마법을 부리는 셈이다. 결국 우리는 단위라는 창을 통해서만 자연을 바라보고 이해할 수 있으며, 타인과의 소통에서 최소한의 객관성을 얻는다.

오늘날 사용되는 단위는 최첨단의 과학기술을 이용해서 만들어져 있지만, 기술이 으레 그렇듯 기술의 결과물을 사용하는 이가 기술적인 세부 내용을 모두 알 필요는 없다. 그러나 단위가 어떤 식으로 만들어져 있건 모든 사람이 사용하는 필수적 도구라는 사실은 변하지 않는다. 어떤 면에선 단위는 언어보다도 더 중요하다. 간단한 예로, 해외에 갈 때 그 나라의 언어를 모른다고 해서 큰 문제가 생기지는 않지만, 그 나라에서 쓰이는 단위를 전혀 쓸 줄 모른다면 단순한 일상도 어려움의 연속이 될 가능성이 많다. 마찬가지로 오늘날의 대한민국에서 일상을 영위하기 위해 반드시 한국어를 구사할 줄 알아야 하는 것은 아니지만, 킬로그램, 미터, 리터, 분 등의 단위를 사용할 줄 모른다면 곤란한 점이 한둘이 아닐 것이다.

224.59 대 219.11

2014년 2월 러시아 소치에서 열린 동계 올림픽에서 피겨 스케이팅 여자 싱글 종목에 출전한 김연아 선수는 종합 점수 219.11점을 받아 224.59점을 받은 러시아의 소트니코바 선수에 이어 은메달을 획득했다. 이 결과를 두고 김연아 선수가 간발의 점수 차이로 금메달을 따지 못한 것을 아쉬워하는 사람들이 더러 있었다. 소치 동계 올림픽에 적용된 규정에 따르면 피겨 스케이팅 종목의 채점에 동원되는 인원은 12명이다. 국제 피겨 스케이팅 연맹은 자신들이 매우 체계적이고 정확한 방법으로 선수들의 '기술'과 '연기'를 채점한다고 주장한다. 그러나 정말 그렇다면 왜 여러 명의 심판이 필요한 것일까? 객관적 기준이 존재하고 그 기준에 따른 평가가 정말로 가능하다면 심판이 여럿이어야 할 이유는 전혀 없다. 정해진 기준에 따라서 한 명이 평가하건 여러 명이 평가하건 같은 결과가 나와야 하기 때문이다. 그러므로 국제 피겨 스케이팅 연맹이 보기에도 채점자에 따라 다른 결과가 나올 여지가 있기 때문에 여러 명의 채점자를 두는 것이라고밖에는 해석할 방법이 없다.

비단 피겨 스케이팅이 아니더라도 체조, 다이빙, 승마처럼 채점에 의해 경기 내용을 판정하는 종목은 모두 한 명이 아닌 여러 명의 심판을 두고 경기를 진행한다. 이런 종목들은 항상은 아니더라도 적지 않은 경우 결과에 대한 논란에서 자유롭기 어렵고, 특히 선수들의 실력 차이가 크지 않을수록 논란이 많이 일어난다. 원인은 누구나 알고 있듯이 심판들의 채점 결과로 나온 숫자가 완벽하게 객관적일 수가 없다는 데 있다. 물론 애초부터 객관화가 힘든 '예술성' 같은 항목이 평가 대상인 이유도 있다. 그럼에도 사람들은 어떤 식으로건 선수들의 예술성을 비교해보고 싶어 하므로 채점 이외에는 달리 방법이 없기도 하다. 어쨌거나 채점이라는 제도에 의존하는 한 아무리 채점 기준이 명확해도 최종적으로는 심판이라는 개인의 판단에 따라서 점수화하는 과정을 거쳐야 한다. 그러므로 채점의 객관성을 완벽하게 보장하기는 태생적으로 불가능하다. 하지만 육상이나 수영 같은 기록경기나(더 이상 사람이 측정하지 않는다), 누가 더 많이 득점했느냐에 따라 승부를 가리는 구기 종목 등에서는 경기의 승패를 결정짓는 숫자가 객관적으로 얻어진다. 그때문에 이런 종목에서 논란은 경기 결과에 대한 것보다는 심판의 영향력이 크게 나타나게 마련인 경기 진행에 관한 것이 대부분이다. 적어도 점수와 관련한 논란의 발생 빈도는 채점 종목에 비하면 현저히 적게 마련이다.

무엇인가를 점수화하려는 시도는 스포츠 이외의 분야에서도 손쉽게 찾아볼 수 있다. 수많은 방송, 신문, 잡지, 인터넷 등 다양한 매체에서는 사람들이 관심을 갖는 주제를 항목별로 점수화하여 독자를 설득하고 여론을 만들어가려는 시도가 끊임없이 이어진다. 이런 시도의 대부분은 광고처럼 돈을 벌기 위함이지만, 정치적 목적으로 정부의 정책을 홍보하거나 반대하려는 행동, 소비자를 위한 다양한 제품의 품평인 경우도 있다. 이 외에도 주관적이고 감성적인 항목을 수치로 바꾸려는 노력은 어렵지 않게 찾아볼 수 있다. 자동차 잡지에서는 새로 출시된 자동차의 성능과 품질 등을 점수로 바꾸고, 와인 품평가는 와인에 점수를 매긴다. 언론사와 정부에서는 대학의 수준을 숫자로 표현한다. 기업에서 필요한 물품과 원자재를 구매할 때도, 국가에서 커다란 사업을 벌일 때도 어떤 선택이 바람직할지를 숫자로 바꾸어 판단하려고 노력한다. 이런 시도들은 대상을 나름의 기준과 방법으로 수치화해서 표현한다는 공통점을 갖고 있다. 그래야 결과가 사람들에게 더 객관적으로 보이고, 비교가 용이하기 때문이다. 사실 언어로만 묘사된 평가보다는 수치화된 평가가 더 신뢰성이 있어 보이는 것은 누구에게나 마찬가지다. 오래전부터 말보다 활자가 강한 힘을 갖고 있다고들 이야기했지만, 숫자는 글자 중에서도 가장 위력적일 수 있다.

이런 사례들을 살펴보면 수치화를 시도하는 측에서는 나름 중립적이고 객관적인 결과를 얻으려고 노력하고, 적어도 그렇다고 주장한다는 것을 알 수 있다. 그럼에도 불구하고 모든 사람들이 결과에 동의하지는 않는다는 공통점도 찾을 수 있다. 왜 그럴까? 그것은 이런 종류의 수치화에는 명확하게 정의된 기준의 개념으로서의 단위가 빠져 있기 때문이다. 차량의 엔진 성능을 1에서 10 사이의 점수로, 대학의 교육 환경을 1에서 100까지의 숫자로 표현하는 데는 적절한 단위가 동반되지 않는다. 무엇인가를 평가해서 숫자로 바꾸려는 노력이 지향하는 바는 객관성의 확보라는 점에서 대개 동일하지만, 실질적인 공통점은 원래의 의도와는 반대로 이렇게 매겨진 점수들이 대부분 객관적이기 매우 어렵다는 점에 있다.

숫자는 객관적이지만 단위가 없이 숫자만 사용된다면 객관적인 것으로 받아들여질 수가 없다. 그럼에도 숫자만으로 결과를 표현하는 사례들이 존재하는 이유는 비록 수치화 과정이 충분히 객관적이지 않더라도 숫자 자체가 가진 객관성에 편승해서 마치 결과가 객관적인 듯 보이게 할 수 있기 때문이다. 한마디로, 숫자에는 태생적으로 객관성이라는 성질이 담겨 있기 때문이다.

내 기준으로 30분

그러나 평가 항목에 설령 단위가 있더라도 전혀 객관적이지 않을 수 있다. 산에 오르면서 정상에서 내려오는 등산객들에게 "정상까지 얼마나 더 가야 되나요?"라고 묻는다면 사람마다 답이 다른 경우가 많다. 어떤 사람은 30분만 더 올라가면 된다고 하고, 또 다른 사람은 20분만 더 가면 된다고 말해주기도 한다. 동네 뒷산만 올라봐도 알 수 있는 일이지만, 정상을 향해 산을 오르는 속도와 정상에서 산을 내려오는 속도는 당연히 다르고, 느끼는 감각도 다르다. 걸음의 속도가 다른데다가, 한쪽은 올라가고 있고 한쪽은 내려가고 있으니 어찌 보면 묻는 사람이나 대답하는 사람이나 우문愚問에 우답愚答을 하고 있는 것일지도 모른다.

새로 분양되는 아파트나 상가의 분양 광고물에는 으레 주변 중심지까지 손쉽게 다가갈 수 있음을 강조하는 문구가 들어간다. "○○까지 10분!" 혹은 "○○역까지 도보 10분!"과 같은 문구를 어렵지 않게 찾아볼 수 있다. 그러나 차로 5분 걸리는 거리는 차량의 속도에 따라서 크게 달라지고, 도로의 교통 상황에 따라서도 달라진다. 아무리 빠른 자동차를 타더라도 10분에 100m를 가기 어려운 경우도 있고, 한밤중이나 새벽처럼 교통량이 적은 시간대에는 10km, 20km를 갈 수도 있는 노릇이다. 도보도 마찬가지다. 걸음이 빠른 사람과 그렇지 않은 사람 사이에는 굉장히 큰 차이가 있을 수 있다. 그러므로 여기서 '도보' 혹은 '자동차'라는 조건은 사실상 별 의미가 없이 상대방을 현혹하기 위한 문구에 지나지 않는다. 객관성을 가지려면 반드시 숫자가 있어야 하지만, 숫자만으로는 부족하다. 숫자의 의미를 분명히 알려줄 무엇인가가 함께 표현되어야만 진정한 객관성을 확보할 수 있다.

숫자로 알려주세요

언어마다 어휘나 표현 방법, 문장 구성 등 다양한 면에서 복잡성의 정도가 다르지만, 어느 언어에나 숫자 개념이 들어 있다. 언어가 사람들을 괴롭히는 요소 중 하나는 모호함인데(물론 이를 즐기는 경우도 많지만), 숫자에는 모호함이 없다는 점이 언어의 다른 요소들과 확연하게 대비된다. 말이나 글에서 사용된 '좋다'라는 표현이 반드시 좋다는 의미를 갖지 않을 수도 있고, '많다'라는 어휘가 어느 정도를 가리키는지는 누구도 알 수 없는 노릇이지만, 숫자는 그렇지 않다. 누구에게나 1보다 2가 큰 값이고 예외적인 경우는 존재하지 않는다. 숫자를 사용하는 목적은 오해의 여지를 없애려는 데 있으므로, 숫자는 다른 어휘들처럼 사람에 따라서 혹은 때와 장소나 상황에 따라서 다르게 이해되지도, 이해되어야 하지도 않을뿐더러 그런 의도로 사용되지도 않는다. 그러므로 무엇인가를 가늠하거나 소통하기 위해서 숫자를 사용할 수 있는데도 그러지 않는다면 내용을 숨기려는 의도가 있기 때문이라고 보아도 무방할 것이다.

명량해전을 앞둔 이순신 장군이 남긴 말 중에 "우수영에서 내 군사는 120명이었고 전선은 12척이었다"라는 구절이 있다. 임진왜란의 몇몇 전투는 극적인 승리로 후대의 기억에 강렬한 흔적을 남겼다. 무엇 때문일까? 물론 턱없이 부족한 전력과 지원에도 불구하고 압도적 우위를 점하고 있던 적을 격파했다는 점을 들 수도 있으나, 그런 승리는 비단 조선이 아니더라도 역사상 곳곳에서 이어진 전쟁에서 종종 일어났던 일이다.

사실 명량해전이 역사에 남은 다른 전투와 확연하게 구분되는 점 중 하나는 바로 '숫자'에 있다. 만약 '12'라는 숫자가 기록으로 남아 있지 않았다면 명량대첩이 전쟁사에서 지금과 같은 영광의 자리에 오르기는 어려웠을지도 모른다. 그저 '커다란 열세를 뒤집고 이긴 전투'와 '12척으로 200척에 이르는 상대를 이긴 전투'가 주는 느낌은 전혀 다르다. 역사를 연구하는 사람들에게는 설령 이순신이 지휘한 군선이 12척이 아니라 120척이었더라도 이 전투에서 거둔 승리의 역사적 의의가 지금과 별반 다르지 않게 보일지 모른다. 하지만 그런 경우라면 명량해전이 대중에게는 아마도 다른 대접을 받았을 가능성이 많지 않을까.

여기서 중요한 것은 '12척'이라는 정보를 통해서 이순신이 거느리고 있던 전력이 우리에게 확연하게 다가온다는 점이다. 아무리 나라의 상황이 엉망인 지경이라고 해도, 동원할 수 있는 전력이 고작 배 12척이란 것은, 전쟁에 대한 지식이나 500년 전의 군사 체계에 대한 지식을 가지고 있느냐의 여부와 관계없이 매우 전투 준비가 되어 있지 않은 상황임을 누구에게나 확실하게 알려준다. 숫자의 힘은 그만큼 강렬한 것이다.

비단 명량해전의 경우가 아니더라도 군대에서의 보고는 항상 수치화되어 있다. 단순히 적이 많다거나, 맹렬한 기세로 몰려온다거나, 많은 수의 사상자가 났다거나, 강력한 공격을 가하라는 식의 추상적 표현을 사용해서 보고하고 지시해서는 효과적으로 전투를 수행하기 어렵다. 군대에서는 숫자가 아니면 상황을 정확하게 판단할 수가 없고, 수치를 기반으로 작성된 정보가 아니라면 이를 바탕으로 다음 단계의 적절한 대응 방법을 선택하기가 어렵다. '적이 많이 몰려오고 있으니 우리도 병력을 많이 내보내라' 하고 명령할 수는 없는 노릇이다.

그런데 이런 원칙이 군대에서만 적용되는 것은 아니다. 기업에서도, 가정에서도, 학교에서도, 어디서나 보다 확실하게 상황을 파악하고 목표를 세우려면 숫자를 사용하게 마련이다. 사람에게 의사소통은 근본적으로 필요한 생존 수단 중 하나다. 그리고 모든 경제 활동은 물리량의 측정을 기반으로 이루어진다. 산업화 이전의 사회에서도 재배한 곡식을 분배하고 거래하려면 곡식의 부피나 무게를 알아야 했고, 노동력을 제공하거나 이용하려 해도 일의 양을 알 수 있어야 했다. 무엇인가를 사고팔려면 대상이 되는 재화와 서비스가 가진 가치를 어떻게든 표현할 수 있어야만 한다. 이런 것들을 숫자를 배제하고 정확하게 표현하기란 불가능에 가깝다. 오늘날의 사회는 숫자 없이는 더더욱 유지되기 힘든 곳이다. 체계화된 일상은 항상 숫자와 함께한다. 정부 운용, 비즈니스, 가계 경영, 성과 표시, 학생의 성적 산출, 개인 평가, 스포츠 경기… 어느 것이나 숫자와 함께할 때 명쾌하게 표현된다.

숫자로 표시하기 힘든 경우

혹시 수치화되지 않은 분야가 있다면, 대상을 숫자로 표현할 필요가 없어서가 아니라 아직 인류가 그에 필요한 지식과 방법을 찾아내지 못했기 때문일 가능성도 생각해볼 수 있다. 만약 음악이나 미술, 문학과 같은 예술의 결과물뿐 아니라 그들이 전해주는 감동과 감정의 크기와 형태를 수치로 표현하는 것이 가능해진다면 어떨까? 이 세상이 지금보다 훨씬 '객관적'인 곳이 되기야 하겠지만 재미는 훨씬 덜한 곳이 되지 않을까 싶긴 하다. 하지만 그런 분야들이 아직까지 숫자로 객관화되지 못한 것은 사람들이 재미를 위해서 객관화를 포기해서가 아니라 단지 어떻게 해야 납득할 만한 방법으로 그 분야에 숫자를 적용할지 아직까지 갈피를 잡지 못했기 때문이 아닐까 생각한다. 한마디로 오늘날의 문명이 가진 지식은 모든 것을 숫자로 표시할 수 있는 수준에 이르지 못했다.

한편에는 굳이 해보려면 할 수 있을지 모르나 통상적으로 수치화하지 않는 것들도 있다. 수치화가 어울리지 않는다는 통념이 지배하는 행위의 성격을 수치화하여 판단하는 것 같은 경우다. 예를 들어, 누군가의 어깨에 손을 얹는 것과 어깨를 때리는 것은 분명히 다른 행동이고, 둘은 대부분의 상황에서 구분이 된다. 하지만 이런 구분은 주관적이다.

그렇다면 어떻게 해야 객관적으로 구분할 수 있을까? 굳이 구분해야 한다면 어떻게 해야 할까? 만약 손이 어깨에 닿을 때의 속도나 전해지는 충격량이 일정 수치 이상이면 '때린' 것이고 그 이하이면 '없은' 것이라고 정한다면(이 수치를 어떻게 측정할 수 있을지는 잠시 잊자), 이것은 객관적 기준이 될 수 있고, 폭행과 관련된 재판은 지금보다는 상당히 기계적인 과정이 될 것이다. 하지만 법률을 만들고 집행하는 관점에서 이런 접근이 과연 받아들여질지는 예측하기 어렵다.

어찌되었건 객관화라는 것은 항상 숫자를 수반한다. 숫자로 표현할 수 있는 사안에 대해서 특정 법률 조항이 숫자를 포함하고 있지 않다면, 이는 미래에 있을 수도 있는 법의 자의적 적용을 염두에 둔 것이라고 누군가 주장해도 사실 논리적으로 반박하기 어렵다. 음주운전 관련 규정처럼 그럴 필요가 없는 항목은 대체로 명확하게 수치로 정해져 있지 않은가. 현실적으로 보자면 아직까진 감정이나 사고에 관련된 것은 수치화되기 어렵고 사회적 통념도 같은 선상에 있다. 하지만 이것이 인간의 감정이 가진 태생적 특성이라고 단정지을 수는 없는 노릇이다. 과연 미래에는 어떨까?

미래는 숫자에

지금까지는 수치화가 쉽지 않다고 여겨지던 것들도 점차 수치화되는 경우가 많아지고 있다. 인터넷에서 검색 엔진을 사용하다 보면 '내가 검색하려는 것을 마치 검색 엔진이 먼저 알고 있는 것 같은 느낌'을 받을 때가 있다. 또한 대규모의 쇼핑 사이트에서는 '당신이 이런 것에도 관심을 가지실 것으로 생각됩니다만'이라는 안내와 함께 실제로 사용자가 좋아할 만한 품목을 제시해주기도 한다. 그리고 이런 제안은 해당 사이트를 많이 이용할수록 더욱 정교하고 정확해진다. 결국 시간이 흐를수록 사용자에 대한 상세한 파악이 가능해질 것임은 자명하다. 어쩌면 이미 사용자 자신보다 사용자의 취향을 더 잘 알고 있다고 해도 그다지 틀린 말은 아닐 수 있다. 이처럼 인터넷 서비스를 이용해본 사람이라면 누구나 자신의 '성향'이 분석되고 파악되는 느낌을 가져본 경험이 있을 것이다.

개인의 신상 정보나 금융 정보, 자산 내역 같은 것이 정부나 금융기관에 의해서 보관되고 있는 것에 더해서 취향이나 관심 분야, 심지어 그 변화 추이까지도 누군가가 수집해서 가지고 있는 시대가 이미 도래한 것이다. 단지 정보를 가지고 있는 것이 아니라 정교한 분석까지 마친 상태로. 사실 분석이 되지 않은 채 쌓여만 있는 데이터는 아무리 많아도 별 의미가 없다. 하지만 오늘날 이러한 데이터를 이용한 정교한 분석이 이루어질 수 있는 이유는 모든 정보가 수치로 표현되어 있어 활용이 쉽기 때문이다. 어떤 사람이 쇼핑 사이트에서 '소설을 많이 구입하고, 핸드폰 액세서리를 가끔 구입하고, 건강 관련 정보를 정기적으로 찾아본다'는 식의 정보로는 짐작할 수 있는 내용이 많지 않지만, 소설책을 몇 권 구입하고, 어느 가격대의 어떤 종류의 액세서리를 몇 개나 구입하고, 건강 관련 정보를 몇 편이나 살펴보고, 각각의 정보를 읽는 데 얼마나 시간을 투입했는지 알고 있다면 훨씬 더 객관적으로 파악하는 것이 가능하리라는 점은 누구라도 쉽게 눈치 챌 수 있다.

아마 머지않아 누군가가 자신의 삶을 돌아보고 싶다면 자신의 오래된 일기장을 찾으려 먼지 쌓인 책꽂이를 뒤지거나 스마트폰의 내용을 헤집어 보기보다는 인터넷 회사들에게 자신에 대한 기록을 알려달라고 해야 하는 시대가 닥칠 것이다. 어쩌면 그것도 돈을 지불해가면서 말이다. 정작 이런 일이 현실이 되면 이런 서비스에 고마워하는 마음을 갖기보다는 섬뜩한 기분을 느끼기 쉬울지 모른다. 이미 쇼핑 사이트에서 쉽게 볼 수 있는, '당신은 아마 이런 상품도 좋아할 것입니다' 하며 제시되는 내용은 본인도 잘 몰랐고 굳이 드러내고 싶지도 않았던 부분을 보여주고 있다. 어쩌면 자신조차 정확히 모르던 자신의 성향을 누군가가 별 어려움 없이 알아내고 있고, 게다가 그것이 그다지 틀린 것 같지도 않다면, 이것은 과연 고마운 일일까, 아니면 간담이 서늘해질 일일까?

이런 일들은 모두 정보의 수치화에 의해서 가능해진다. 어떤 웹사이트가 개인의 성향을 파악했다는 것은 분명히 어떤 방식으로건 웹사이트 내에서 방문자가 취한 행동을 수치화했다는 의미다. 심리학자들은 오래전부터 인간의 행동 패턴이나 성향을 수치화하려는 연구를 해왔지만, 그런 연구 결과가 직접적으로 불특정 다수에게 적용되는 사례는 드물었다. 하지만 오늘날의 기술은 개인의 성향 분석 기술 측면에서 상당히 실용적이고 정확도가 높은 수준에 이르러 있다. 게다가 이런 기술이 더욱 빠른 속도로 발전하고 많은 사람들이 어쩔 수 없이 점점 더 많은 양의 자기 정보를 제공하게 되는 것은 피할 수 없는 방향이다.

대부분의 사람은 자신이 타인에 의해서 정교하게 분석되는 것에 거부감을 느끼는데, 심지어 그 분석이 숫자로 정확히 이루어지는 지경에 이르면 어떤 기분이 들지는 상상하기 어렵지 않다. 개인이 수치화되는 만큼 '인간성'이라는 모호함이 설 자리는 점점 줄어들 것이다. 어쩌면 그동안 우리는 자신을 숫자로 표현할 만큼 스스로를 잘 알지는 못했던 것인지도 모른다.

거래의 기술

소통의 중요성이 가장 빛을 발하는 상황은 단연코 어떤 재화를 거래할 때일 것이다. 오늘날 해외여행을 갈 때도 해당 국가의 언어를 반드시 알아야만 그 나라를 보고 느낄 수 있는 것은 아니다. 하지만 그 나라에서 물건을 사거나 비용을 지불할 줄은 알아야 한다. 그 정도로 거래란 삶에서 기본적인 행위라는 의미다. 농경이 주요한 산업이던 시대에는 이런 특성이 더욱 두드러졌겠지만, 기본적으로 어느 시대에서나 곡식이나 귀금속, 혹은 다양한 형태의 원자재를 거래할 때에는 거래하고자 하는 물품의 양을 쌍방이 확신할 수 있어야 한다. 그러므로 신용, 속임수, 사기의 모든 것이 단위와 밀접하게 관련되어 있다.

자신이 팔고자 하는 물품의 생산량을 10% 증가시키는 것과 단위를 10% 속이는 것 중 어느 쪽이 어려운 일인지는 그리 오래 생각해보지 않아도 누구나 짐작할 수 있다. 그러므로 사는 쪽과 파는 쪽 모두 당연히 속임수의 가능성을 가장 경계한다. 기본적으로 사는 쪽에서는 이런 시도가 비집고 들어올 틈을 주지 않으려 하는 것이 거래의 기본이었다. 오랜 세월에 걸쳐서 도량형은 누군가의 소유물이나 다름없었고(대부분은 권력을 쥔 쪽의 것이었다), 이로 인해 벌어지는 결과는 자명했다. 시장에서 물건을 재는 저울의 정확성에 따라 누가 이익을 보고 누가 손해를 보는지를 생각해보면 된다. 그러나 장을 보러 시장에 갈 때 자신의 저울을 갖고 가는 사람은 드물다. 결국 도량형과 그 측정 도구가 곧 돈이나 다름없었다.

▲ 정밀한 단위와 측정 방법이 신뢰를 향상시킨다.

물건을 사거나 어떤 일을 해주고 대가를 받는 행위는 인간 사회를 유지하는 데 핵심적인 기능을 한다. 모든 사람이 무엇인가를 만들거나 서비스를 제공하며 살아가지는 않지만 대부분의 사람들은 이런 활동을 하는 시기를 보내고, 살아 있는 동안 누구나 끊임없이 재화와 서비스를 소비한다. 심지어 오늘날의 사회에서는 자신의 힘으로 소비하지 못하는 상황에서도 누군가가 대신 소비해준다. 누군가는 무엇인가를 만들고, 누군가는 서비스를 제공하며, 모두가 항상 무엇인가를 소비한다. 현대의 화폐 경제 시스템에서 생산하고 소비하는 사람이 있다는 것은 물건이나 서비스를 돈과 교환하는 일이 일어난다는 의미다.

그런데 물건 혹은 서비스를 화폐와 교환하려면 거래 당사자끼리 교환 대상의 가치를 가늠할 수 있어야 한다. 딱히 화폐를 이용한 거래가 아니라 물물교환을 하는 경우라도 마찬가지다. 곡식과 옷감을 바꾸려면 곡식의 무게와 옷감의 폭, 길이를 알아야 하고, 금을 노동력과 바꾸려면 금의 무게와 노동 시간을 측정할 방법이 있어야 한다. 그래서 옛날부터 무게, 길이, 부피와 같은 물리량을 측정하는 단위가 생겨났고 그것들을 가리키는 도량형度量衡이 존재했다. 한자로 '도度'는 길이, '량量'은 부피, '형衡'은 무게를 가리킨다. 이처럼 도량형은 목적은 근본적으로 경제 활동의 편리함을 추구하는 데 있다. 길이와 거리를 재고, 무게를 재고, 부피를 재는 행위의 동기는 본질적으로 상거래를 위한 것이었고, 과학적 탐구와는 그다지, 어쩌면 전혀 상관이 없는 것이었다. 사실 인간은 탐구 생활 없이는 살 수 있을지 몰라도 무엇인가를 사고팔지 않고서는 살 수 없는 존재 아닌가.

그런데 상거래에서 정작 개인보다 훨씬 더 정확한 도량형을 절실하게 필요로 하는 쪽은 따로 있는데, 그건 바로 국가다. 실은 꼭 국가라기보다는, 어떤 지역을 실질적으로 지배하는 조직이라면 다 마찬가지다. 국가는 세금이라는 이름으로 국민에게서 다양한 방법으로 돈을 거두어 가고, 이때 반드시 도량형이 필요해진다. 오늘날도 재산세는 부동산의 가치(대부분 넓이에 근거한다)에 따라 부과되고, 간접세는 부피나 무게에 따라 정해지는 것이 많다. 도량형은 세금을 징수하는 데 아주 중요한 잣대이자 도구인 셈이다. 공구나 가재도구처럼 손에 잡히는 형체가 있는 것만을 도구라고 생각하기 쉽지만 그렇지 않다. 형태가 있는 도구가 하드웨어라면, 도량형은 아마도 가장 오래된 소프트웨어일 것이다.

최초의 산업이었을 농업은 처음부터 도량형을 필요로 했다. 자신의 농지 넓이에는 씨앗을 얼마나 뿌려야 할지, 얼마나 넓은 지역을 농토로 이용할 것인지, 물은 얼마나 필요한지, 노동력은 얼마나 필요한지, 수확량은 어느 정도일지, 수확한 농산물을 어느 만큼씩 나누어야 할지 결정하거나 예측해야 한다. 농업의 모든 단계는 적절한 숫자와 도량형이 있어야만 성공적으로 넘을 수 있다. 농업의 탄생과 발달이 도량형의 발전에 큰 몫을 했다고 보는 중요한 이유도 여기에 있다. 산업의 중심이 농업이 아닌 오늘날에도 모든 분야에서 이런 현상은 본질적으로 마찬가지이고, 사회는 다양한 형태의 사고파는 행위라는 여러 종류의 벽돌로 지어진 건물과 다름없다. 그런 점에서 도량형은 사회의 가장 기본적인 소프트웨어 중 하나인 셈이다.

돈은 둥글다

거래에서 가장 중요한 수단인 화폐에도 당연히 단위가 필요하다. 사실 단위라기보다는 이름이라고 해야 할 수도 있겠다. 어찌 되었건 화폐에 단위가 없으면 교환의 목적으로 사용하기는 어렵다. 신용카드와 같은 다양한 지불 수단들도 실제 화폐를 대신하는 것이므로 화폐의 단위를 그대로 사용하게 된다. 어느 나라나 한 번 만들어놓은 화폐의 디자인은 어지간해서 바꾸지 않는다. 경제 활동의 핵심 도구인 도량형이나 단위가 가져야 하는 신뢰성의 속성이 화폐에서도 마찬가지로 드러나는 것이다. 또한 어느 나라나 화폐 단위는 가급적 고유하면서도 다른 나라와 구분되는 것을 사용하려 하고, 잘 바꾸지도 않는다. 대한민국의 화폐가 여러 차례 바뀌었지만 기본적으로 단위는 변하지 않았다. 다행히 한 나라 안에서 화폐 단위는 도량형과는 달리 중구난방이 될 가능성이 거의 없다.

그런데 화폐 단위의 명칭을 나라별로 살펴보다 보면 재미있는 사실을 발견할 수 있다. 이름들이 비슷한 것이다. 오늘날 한국에서 쓰이는 화폐의 단위는 '원'이다. 대한민국이 세워진 이래 쓰인 돈의 단위는 '원圓', '환圜', '원'(지금의 단위 '원'에는 공식적으로 한자 표기가 없다)의 세 가지인데, 모두 둥글다는 의미에서 유래된 것으로 여겨진다. 지폐가 나오기 전까지 화폐는 동전이 대부분이었고 동전의 모양은 거의 원형이었음을 생각해보면 충분히 수긍이 가는 추측이다. 둥근 형태는 제조도 용이하고, 보관도 편리하다.

또한 흥미롭게도, 중국과 일본에서도 비슷한 이름의 화폐 단위가 쓰인다. 일본의 화폐 단위는 '엔円', 중국은 '위안圓'을 쓰지만 해당 한자의 한국어 발음은 모두 '원'이고, 어느 것이나 모두 둥글다는 의미를 갖고 있다. 누가 강요한 것도 아닐 텐데 이처럼 비슷한 단위가 쓰인다는 사실은, 말도 많고 탈도 많을지언정 세 나라 사이에는 무엇인가 강하게 공유되는 요소가 있다는 것을 보여주는 예일 것이다. 결국 세 나라의 화폐 단위는 사실상 같은 뿌리에서 나온 것이나 마찬가지다.

▲ 언제 어디서나 동전은 둥글다.

축구 경기를 이야기할 때 자주 쓰이는 표현 중 하나가 '공은 둥글다'이다. 객관적으로 한쪽의 실력이 더 뛰어난 것 같아도 경기 결과는 (당연한 이야기지만) 경기를 해봐야 알 수 있다는 의미다. 하기야 안 해봐도 알 수 있다면 경기를 할 필요조차 없을 것이다. 화폐 단위가 '둥글다'는 의미에서 유래한 것은 어쩌면 '공이 둥근' 축구와 마찬가지가 아닐까? 둥근 공이 어디로 튀어 어떤 승부를 만들어낼지 예측할 수 없듯, '둥근 돈'도 한곳에 머무르지 않고 또 그래서도 안 되는 속성과 운명을 내포하고 있는 것인지도 모른다.

2

단위의 조건

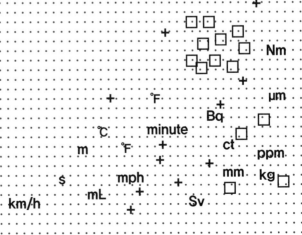

단위란 무엇일까? 단위의 사전적 정의는 '길이, 무게, 수효, 시간 따위의 수량을 수치로 나타낼 때 기초가 되는 일정한 기준'이다. 핵심은 '무엇인가를 수치로 나타내고자 할 때 사용되는 기준'이다. 좁은 의미로 단위는 자연계의 특정 '물리량'을 수치로 표현할 때 쓰이는 기준이라고 할 수 있다.

길이, 넓이, 부피, 무게, 시간, 속도, 밝기, 전압, 전류와 같은 말은 모두 특정한 물리량을 가리킨다. 이런 물리량들을 표현하기 위한 다양한 단위가 만들어져 있다. 또한 오늘날 이런 단위들은 매우 정교하게, 논리적, 과학적으로 오류가 없도록 정의되어 있다(물론 미래에 누군가가 이런 정의의 오류를 찾아낼 수도 있겠지만). 역으로 이야기하자면, 오늘날 단위가 있는 물리량은 인류가 그 실체를 파악한 대상들이라고 할 수도 있다. 기쁨과 분노의 정도를 나타내는 단위가 없고 행복에 단위가 없다는 것은, 그런 대상들은 인류에게 아직까지 미지의 대상이라는 말과 같은 뜻인 것이다. 어쩌면 이런 개념들이 너무나 포괄적인 것이기 때문일 수도 있겠다.

사실 마음만 먹으면 단위에는 아주 실질적인 개념에서부터 굉장히 거창한 것에 이르기까지 다양한 의미를 부여할 수 있다. 물리량의 표현 기준, 소통의 도구, 문명의 무형적 기초, 세계화의 상징 같은 것 말이다. 그러나 단위가 갖는 가치와 의미가 무엇이건, 단위로서 쓰이려면 반드시 필요한 조건이 몇 가지 존재한다. 단위는 나 혼자 쓰는 도구가 아니기 때문이다.

세 가지 조건

단위, 특히 길이, 무게, 부피와 같은 도량형은 모든 사람이 사용하는 도구이자 규칙이다. 비단 단위가 아니더라도, 일부의 사람만이 아니라 누구나 쓰는 것이라면 반드시 갖춰야 할 요소들이 있다.

우선, 이해하기 쉽고 사용하기도 쉬워야 한다. 도로 표지판이 교육 수준에 관계없이, 기본적인 독해 능력만 있다면 누구나 어렵지 않게 이해할 수 있도록 만들어져야 하는 것을 생각해보면 된다. 배우기 어려워서 특별한 교육을 받은 사람만 이해할 수 있어서야 모두가 쓰기에 좋은 도구가 될 수는 없는 노릇이다. 그리고 용도에 맞아야 한다. 좋은 칼이라면 날이 잘 서 있어야 하지만 커다란 참치를 다듬는 칼을 과일 깎는 데 쓸 수는 없다. 마지막으로, 고장이 잘 나지 않아야 한다. 아무리 편리하게 만들어진 버스나 지하철이어도 일주일에 몇 번씩 고장이 나고 공장에서 수리를 해야 한다면 많은 사람이 함께 사용하는 이동 수단으로서 쓸모는 없는 것과 마찬가지다.

그러나 세상은 생각처럼 이성적이지만은 않은 곳이어서, 동네마다 나라마다 규칙이 다르기 쉽다. 심지어 규칙은 한가지인데 해석이 때와 장소에 따라 달라지는 경우도 많다. 그러다 보니 처음에는 규칙의 의미가 단순 명쾌한 것 같아도 시간이 지나면서 복잡하게 변하는 사례는 흔하디흔하다. 규칙이 복잡하고 어려울수록, 그리고 기준이 불분명하고 자꾸 바뀔수록 이득을 보는 사람이 있게 마련이어서 대부분의 규칙은 시간이 지날수록 복잡해진다. 좋게 표현하면 다양해진다고 할 수 있다. 도량형과 단위도 마찬가지였다. 단위의 정의가 시간이 지남에 따라 바뀌어야 할 필연적 이유는 전혀 없지만, 기준이 모호하거나 인공물을 기준으로 만들어진 단위는 이런 조건을 만족시키기가 어렵다. 수백 년, 혹은 수천 년이 된 건축물이 남아 있기도 하지만 그 어느 것도 원형 그대로인 것은 없듯이, 인공물이란 아무리 잘 만들어도 세월 앞에서 원래의 모습을 유지할 수가 없는 존재다. 그러므로 인공물을 기준으로 단위를 정한다는 것은 피할 수 있다면 피해야 하는 일이다.

그렇다면 자연에 존재하는 불변의 것을 찾아서 기준으로 삼으면 되지 않겠느냐고 생각할 수 있지만, 이것도 말처럼 쉽지가 않았다. 사용하고 있는 단위가 현실적으로 불완전하다는 사실을 알면서도 사람들이 그런 단위를 계속해서 사용했던 이유는 더 나은 대안을 찾지 못해서이기도 했지만, 어느 시대나 당시 사용되던 단위의 정교함이 해당 사회가 요구하는 수준에 맞았기 때문이었다. 실은 이는 닭과 달걀과 같이 어느 쪽이 먼저라고 이야기하기 어려운 문제다. 단위와 도량형이 충분히 정교하게 발달하지 못한 상태에서 엄청난 정밀성과 일관성을 요구하는 산업이 발달할 수 없고, 그 반대도 마찬가지이기 때문이다. 정확하고 일관성 있는 측정 방법과 장비가 없는데 그보다 작은 값의 의미를 엄격하게 정의한다는 것은 가능하지도 않고, 의미도 없는 일이다. 능력 밖의 일을 고민할 이유가 없는 것이었다.

이해하기 쉬운 도구

무엇이건 소수의 취향에만 맞춰져 있거나, 특별한 지능이나 지식이 있어야 이해할 수 있다면 결국 일부의 사람들만 이를 활용할 수 있게 된다. 한마디로 사람들의 관심을 끌기가 어려워지는 것이다. 도량형을 만들 때는 이 점이 굉장히 중요하다. 미터법은 거의 전 세계적으로 퍼졌는데, 가장 큰 이유는 미터법이 다른 도량형보다 상대적으로 구성이 단순한 데 있었다. 외워야 하는 명칭의 종류도 적다. 미터법에서는 '미터$_m$'나 '그램$_g$' 같은 각 물리량별 기본 단위의 이름에 공통적으로 '센티$_c$', '밀리$_m$', '킬로$_k$' 등의 접두어만 붙이면 된다. 반면 야드파운드법은 하나의 물리량에도 여러 가지의 이름이 있다. 길이라면 인치, 피트, 야드, 마일, 무게에는 온스, 파운드, 부피에는 파인트, 쿼트, 갤런 등(이 외에도 많다)을 익혀야 하는 것이다. 이런 면에선 동양식 도량형도 야드파운드법과 마찬가지다. 촌, 척, 간, 정, 리, 평, 보, 합, 승, 두, 석, 량, 근 등(이 외에도 많다)을 알아야 하니 이를 외우는 것만 해도 쉬운 일이 아니다. 누구나 써야 하는 도구라면 무엇보다도 사용하기 쉬워야 하는데 이런 방식은 분명히 익숙해지기 어렵다.

도량형이나 문자와 같은 도구는 많은 사람들이 함께 쓸수록 가치가 올라간다. 한국의 문맹률이 중국보다 낮은 이유는 한국인이 평균적으로 중국인보다 지능이 뛰어나서라기보다는 근본적으로 한글이 한자보다 단순한 구조여서 배우기 쉽기 때문이다. 한자도 일단 익숙해지기만 하면 한글에는 없는 다양한 장점이 분명히 있음을 알 수 있지만, 문제는 그렇게 되기까지는 상당히 많은 노력을 필요로 한다는 점이다. 게다가 나 혼자만이 쓰는 도구라면 복잡하고 익히기 어려워도 다양한 기능을 가진 것을 선택하는 것이 더 나을 수 있지만, 모두가 함께 쓸 때에 의미가 있는 도구라면 이야기가 다르다. 글을 읽지 못하는 사람도 시장에 가서 원하는 양의 식량을 사고팔 수 있어야 하고, 농부와 도매상 모두 한 해 농사를 마친 뒤 쌀이 몇 가마나 수확되었는지 파악할 수 있어야 한다. 누구나 목적지까지 가려면 어느 정도의 시간이 걸리는지, 거리가 어느 정도인지 표현할 수 있어야 한다. 이런 일을 하는 데 고등교육이 필요하다면 큰 문제가 된다.

도량형의 정의 자체는 아무리 복잡하고 이해하기 힘들어도 상관없지만, 그 결과로 만들어진 단위는 누구라도 쉽게 이해할 수 있어야 한다. 사람들이 이용하는 것은 결과물이다. 휴대폰의 내부 구조가 점점 복잡해져도 사용하기는 점점 쉬워져서 누구나 쓰고 있는 추세도 근본적으로 같은 현상이다. 스마트폰은 누구나 쓰는 물건이지만, 스마트폰의 구조나 소프트웨어의 특성 같은 것은 그 분야에 관한 전반적인 지식이 있지 않으면 이해하기 쉽지 않다. 하지만 사용자가 휴대폰의 내부 구조나 작동 원리를 알아야 할 이유는 전혀 없다. 기술의 발전이란 대부분 이런 식이었다. 자동차가 많이 보급된 것도 운전이 점점 쉬워진 데 기인한다. 많이 사용되는 것들일수록 사용법이 쉬워야 하고, 실제로 그런 것들이 많이 보급되었다. 단위도 마찬가지다. 휴대폰 없이도 살 수 있고, 운전할 줄 몰라도 살 수 있지만, 단위를 전혀 몰라서야 일상생활을 영위하기 어렵다. 그만큼 단위는 쓰기 쉬워야 하는 것이다.

용도에 맞는 도구

모든 자동차가 자동적으로 운행되는 자율주행 자동차 시대가 오지 않는 다음에야, 자동차를 운전하면서 운전자가 파악해야 하는 여러 가지 정보 중에서도 가장 중요한 것은 아마도 차의 속도일 것이다. 한국에서는 자동차의 속도계가 km/h 단위로 표시되어 있어서 현재 속도로 계속 주행한다면 한 시간에 몇 킬로미터를 갈 수 있는지를 알려준다. 물론 속도를 표시할 수 있는 방법은 km/h 이외에도 얼마든지 많다. 하지만 자신이 운전하고 있는 자동차가 1분에 몇 미터를 가는지, 1초에 몇 센티미터를 가는지, 혹은 하루에 몇 리를 가는지와 같은 방식으로 알고 싶어 하는 사람은 드물고, 알아도 별로 쓸 데도 없다.

시속 100km의 속도로 달리는 자동차의 운전자에게 현재 속도가 1초당 28m(대략 시속 100km와 같은 값)라고 알려준다면 이 운전자는 이를 얼마나 효과적으로 활용할 수 있을까? 적어도 목적지에 도달하기까지 어느 정도의 시간이 걸릴지를 짐작하기는 어려울 것이다. 연못을 만들려고 땅을 파는데 땅 파는 도구로 호미를 내어준 것과 다를 바가 없는 셈이다. 닭 잡는 데 소 잡는 칼을 쓴다고 해서 안 될 것은 없지만, 그래도 이를 합리적 선택이라고 할 수는 없다. 수단은 목적에 맞지 않으면 효용성이 떨어지게 마련이다.

재화는 가치 못지않게 효용성이 중요하다. 전쟁이 나면 보통 물가 상승이 일어나며 화폐 가치가 떨어지기 때문에 현금보다는 금이나 달러 같이 가치가 유지되는 자산이 선호된다. 하지만 이런 상황에서는 아무리 금을 갖고 있어도 어떤 형태로 갖고 있느냐가 중요할 수도 있다. 집 안에 1kg, 10kg 무게의 금괴를 갖고 있다고 해도 이를 거래하기는 현실적으로 쉽지 않다. 적어도 일상생활을 유지하는 화폐의 기능을 대신

하는 용도에서는 훨씬 가치가 낮은 1g, 혹은 한 돈짜리 금 조각이 압도적으로 유용하다. 전시의 혼란스런 상황에서 시장에 가서 1kg의 금덩어리를 들이밀고 채소나 옷가지를 사는 것이 가능할까? 살 수 있는 것이 드물 것이다. 반면에 집과 같이 가격이 높은 물건을 사고파는 데 1,000원짜리 지폐나 100원짜리 동전으로 거래하는 것이 가능할까?

2011년 동일본 대지진으로 큰 피해를 입은 지역에서 실제로 이와 비슷한 일이 일어났다. 전기가 끊기고 통신망이 마비되자 현금 없이 신용카드만 가지고 있던 주민들은 상점에서 물건을 구매할 수가 없었다. 평상시에는 현금이 없어도 아무런 불편이 없었지만, 사회 기반시설이 작동하지 않는 상황에서 신용카드는 전혀 화폐로서의 기능을 할 수 없었던 것이다. 순식간에 효용성이 없는 도구가 되고 만 것이다.

단위는 형태가 없는 개념적 도구이므로 효용성이 더욱 중요하다. 잘못 규정되면 쓰기는 어려우면서 마땅한 대체수단도 없는 상황에 처할 수 있기 때문이다. 그래서 모든 단위는 용도에 맞게 정의되어왔고, 사실 그 때문에 같은 물리량을 표현하는 단위도 종류가 많아진 것이라고 봐야 할 것이다.

고장 나지 않는 도구

도구는 성능이 보장되지 않으면 사고가 나기 쉬운데, 이런 일이 생각보다 더 잦을 수도 있다. 가정에서도 주방은 칼과 불을 사용하는 공간이어서 항상 사고의 위험이 있는 곳이므로 특히 안전에 주의를 기울여야 하는 장소다. 그런데 주방에서 어느 때 사고가 날 위험이 높을까?

칼이 날카롭게 손질되어 있어서 살짝 닿기만 해도 베일 정도일 때일까, 아니면 칼날이 무뎌져서 어지간해서는 베이지 않을 상태일 때일까? 잘 들지 않는 칼을 쓰면 칼이 의도한 대로 움직이지 않을 가능성이 높기 때문에 잘 드는 칼을 쓸 때보다 훨씬 다치기 쉽고, 가스레인지의 가스가 나오다 말다를 반복한다면 가스 사고의 위험이 훨씬 높다. 설계의 의도대로 동작하고, 사용자가 예상하는 방식으로 작동하는 도구는 사고의 위험을 훨씬 줄여주게 마련이다.

이처럼 도구는 의도된 대로 작동해야 안심할 수 있는 물건이다. 제대로 정비가 되지 않은 자동차나 기차를 타고 다니면 사고를 당할 위험이 커진다. 엉성한 저울을 써서 물건의 무게를 달거나, 언제 고장 날지 모르는 현금지급기를 망설임 없이 사용할 고객은 없다. 이처럼 용도가 있는 물건이나 수단은 부여된 기능을 수행할 때 별문제가 없으리라는 신뢰가 있어야 한다.

도량형에서는 이런 측면이 기준의 명확성에서 비롯된다. 그래서 명확한 기준을 가진 단위가 믿을 만하고 쓸 만한 단위가 되고, 오랜 시간에 걸쳐서 사용되고 쉽게 퍼져나갔다. 사람들은 도량형에 신뢰성이 필요하다는 것을 알고 있었지만, 산업혁명이 일어날 때까지도 충분히 안정적이고 명확한 기준을 세울 기술이 없었다. 머릿속에는 아이디어가 있어도 이를 구현할 기술이 없는 상태에서 명백한 기준을 갖는 단위를 확립하기 어려웠으리라는 점은 쉽게 상상할 수 있다. 믿을 만한 단위 체계를 만들어보려는 과정은 사실 신뢰성을 확보하려는 노력의 연속이었다고 할 수 있고, 이는 기술의 발전에 힘입어 달성된다.

불변의 기준을 찾아서

자연은 불변일까

무엇인가를 일관성 있게 비교하기 위해서는 기준이 필요하고, 그 기준은 변하지 않을수록 바람직하다. 그런데 인간이 만든 인공물은 아무리 잘 만든 것이어도 시간이 흐르면 원래의 모습을 보존하지 못한다. 비바람, 온습도의 변화에 따른 풍화도 일어나고, 이런 조건을 아무리 잘 조절한다고 해도 보관 장소가 자연재해, 전쟁 등 다양한 이유에 의해서 파손될 수 있다. 어떤 경우에도 인공물은 불변의 기준으로 삼기에는 적합하지 않다.

그런 까닭에 과학자들은 자연에서 무엇인가 변하지 않는 특성을 찾아내어 이를 무게나 길이와 같은 도량형의 기준으로 삼으려 했다. 지극히 당연한 접근 방법이었다. 이들은 이런 표준을 자연표준이라고 불렀다. 하지만 자연이라고 해서 시간이 흘러도 정말로 변치 않는 것이 있기는 할까? 자연이 인간이 상상할 수 있는 것 이상으로 거대하고 복잡하며 다양한 곳일 수는 있다고 해도, 자연에 인간이 기대하고 원하는 모든 것이 존재하는 것은 아니다. 사실 자연표준을 찾아내는 일보다 훨씬 더 풀기 어려운 문제는 과연 그런 것이 정말로 존재하는지의 여부를 확인하는 것이다. 불로초를 찾는 데 성공한 사람이 없다고 해서 불로초는 존재하지 않는다고 단언할 수는 없는 노릇이다. 실제 자연표준은 오랫동안 과학자들의 꿈이었지만 이를 찾아내는 일은 쉽지 않았다.

옛 사람들은 오랫동안 전해지기를 바랐던 내용을 종이나 천에 써두

기보다는 돌에 새겨두었다. 실제로 책보다는 비석, 혹은 바위에 글을 남기는 쪽이 보존 효과가 탁월하다는 사실은 어렵지 않게 확인할 수 있다. 수백 년 전으로만 돌아가서 생각해봐도, 내용의 가치와 상관없이 바위에 새겨진 글귀는 손으로 쓴 편지나 몇 권의 책보다 후세에 전해질 가능성이 높았다. 지금도 마찬가지지만, 옛 사람들도 세월이 많이 흘러도 종이보다는 돌이 보존될 가능성이 높다고 생각했다. 물론 과시라는 면에서도 십중팔구 크게 세워놓은 비석이 서고에 처박혀서 세월을 보낼 것이 뻔해 보이는 책보다 훨씬 효과적이기도 했을 것이다. 도량형도 마찬가지였으니, 도량형 체계를 만들려면 다른 어떤 것보다도 변하지 않는 성질을 갖고 있는 것을 찾아야만 했다.

홍보의 중요성

인류 역사에는 다양한 도량형 체계가 존재했지만, 자연표준의 개념을 적용한 최초의 도량형은 미터법이었다. 미터법이 만들어지던 초기에 길이의 기준으로 채택된 것은 인간이 접근할 수 있는 가장 큰 자연물인 지구였다. '지구 자오선 길이의 4천만분의 1'이라는 최초의 1m의 정의에서 알 수 있듯, 미터법은 지구를 기준으로 삼자는 아이디어에서 출발한다. 그러나 미터법을 한창 만들어가던 시기에도 과학자들이 지구만이 길이를 정하는 자연표준으로 쓰일 수 있다고 생각했던 건 아니었다. 모세관 현상을 이용하자는 아이디어도 있었고, 빛의 파장을 표준으로 하자는 아이디어도 있었지만 여러 면에서 지구의 크기를 기준으로 삼는 것이 유리했던 것뿐이다.

미터법의 개발은 완전히 새로운 도량형을 만들어 보급하겠다는 포부를 갖고 시작된 것이었다. 완전히 새로운 도량형을 만들어서 보급해야 하는 상황에서는 도량형이 단지 과학자들만의 관심사일 수가 없다. 새로운 도량형이 사람들에게 받아들여지려면 전국 방방곡곡 어디에서나, 교육 수준이나 경제력에 관계없이 누구나 이해할 수 있어야 한다. 그런 측면에서 보자면, 1미터가 지구의 크기를 기준으로 한다는 문구는 빛의 파장, 모세관 현상, 진자 운동 같은 기준보다 홍보 측면에서 훨씬 유리하다. 빛의 파장이나 모세관 현상, 진자 운동이 무엇인지 모르는 사람은 어디에나 있지만, 지구가 뭔지 모르는 사람은 거의 없을 것이기 때문이다.

그런데 정말 지구의 둘레, 정확히는 미터법에서 기준으로 삼았던 지구 자오선의 길이가 불변일까? 지구는 진짜 불변의 존재일까? 이미 미터법이 만들어질 때부터 몇몇 사람들은 지구도 불변이 아닐 수 있다고 지적했었다. 사실 지구가 영원불변의 존재가 아니라는 주장이 틀린 것도 아니라는 건 미터법을 만들려던 과학자들이 더 잘 알고 있었다. 이미 19세기 초반에, 과학자들은 지구가 완전한 구球도 아니고 타원도 아니며 불규칙적으로 찌그러진 모양이라는 걸 알고 있었다. 또한 확률은 낮지만 소행성 충돌 같은 외부적 요인에 의해서 변화할 수 있는 기준이라는 것도 인정한 상태였다. 물론 소행성이 충돌해서 지구 자오선이 변할 정도의 사건이 일어난다면 인류도 살아남지 못할 테니 그런 일을 우려할 필요가 없기는 했지만, 생각해보면 지구라는 천체도 언젠가는 만들어진 것이었을 테니 태생부터가 '불변'과는 거리가 멀다.

우여곡절 끝에 1799년 12월 10일에 미터원기原器라고 불리는 긴 금속 막대기가 만들어졌다. 이제 미터법을 적용하는 한, 모든 길이는 이 원기에 비교해서 측정되는 것이었다. 이 원기는 지구를 기준으로 해서 여러 사람들이 온갖 과학적, 육체적 고난과 정치적 논란을 이겨내며 측정한 노력의 결과로 만들어진 것이었다. 그러나 바라보기에 따라선 미터법 이전에 쓰이던 기준과 이 기준이 별다를 것이 없다고 생각할 수도 있었다. 무엇이든 냉소적으로 보자면 한도 끝도 없게 마련이다. 그저 새로운 쇠막대기 하나가 만들어졌을 뿐 아닌가? 다만 미터원기는 철보다 훨씬 비싼 백금으로 만든 것이었으니 변형도 적고 어지간해서는 복제하기가 쉽지 않을 터임은 분명했다.

실질적으로 지구 자오선을 측정해서 미터원기를 만드는 것과 적당한 크기로 미터원기를 만들어서 기준으로 삼는 것 사이에 어떤 차이가 있을까? 원기를 아무리 잘 만들어도 세월이 흐르면 변형이 일어난다. 자연에 영원한 것이 있을까? 자오선 측정을 다시 한다고 해도 똑같은 길이가 나온다고 확신하기도 힘들다. 하지만 모든 마케팅이 그렇듯, '자연표준'이라는 개념에는 명칭 자체에 엄청난 강점이 있다. 사람들은 '자연표준'이라는 말을 '불변의 표준'이라는 뜻으로 이해했고, '자연'에 대항해서 '인공물'이 기준으로 삼기에 더 낫다고 주장할 사람은 아무도 없었다. 홍보라는 면에서 그야말로 천하무적인 셈이었다.

실제로 최초의 미터원기가 만들어지고 100여 년 뒤인 1889년에는 백금과 이리듐의 합금으로 새로이 '더 품질이 좋은' 미터원기가 만들어졌다. 당연히 새 원기는 부식에도 더 강하고 온도의 변화에도 덜 영향을 받았다. 하지만 이조차도 결국 세월 앞에서는 변할 수밖에 없는 물건이고, 보기에 따라선 그저 당시 기술로 만들 수 있는 가장 변형이 적은 막대기에 불과했다. 이런 식으로는 완전한 답을 찾기가 어렵다는 것을 보여줄 뿐이었다.

구관이 명관

대부분의 사람들은 자신이 하고 있는 일의 결과물이 일시적 용도로 쓰이고 말기보다는 오랫동안 빛나는 업적으로 남기를 바란다. 과학자들은 그런 성향이 특히 강한 사람들이다. 그런데 미터법의 역사에서 과학자들이 불변의 기준을 찾는다며 한 일은 일시적 해결책의 연속일 뿐이었다. 이래서는 이름이 남길 기대하기가 힘들어진다. 길이를 포함한 단위의 정의는 그리 오래 버티지 못하고 계속 바뀌었고, 그때마다 점점 어렵고 복잡해졌다. 처음에는 '1미터는 지구 둘레의 4천만분의 1'처럼 누구나 쉽게 이해할 수 있는 기준이 사용되었지만, 점점 고도의 물리학 지식을 가져야만 이해할 수 있는 내용으로 바뀌어갔다.

지구를 대체해서(사실은 쇠막대기를 대신해서) 1미터를 정의할 수 있도록 해주는 적절한 자연표준을 찾던 과학자들은 1925년에 획기적인 진전을 이루었다. 빛의 파장을 이용해서 길이를 정의한 것이다. 사실 빛을 길이의 표준으로 삼자는 아이디어는 이미 19세기 초반에 나온 것이었지만 기술적 장벽 때문에 아이디어를 실현하는 데 100여 년이 걸린 것이었다. 이제 빛의 파장을 측정하는 장비만 있다면 어디서든 1미터를 정확하게 재현할 수 있었다. 그러나 과학과 기술은 진보하고, 1미터의 정의는 다시 한 번 바뀐다. 1960년, 1미터는 '크립톤86 원자가 방출하는 오렌지색-적색 범위의 빛의 진공에서의 파장의 165만 763.73배'로 새롭게 정의된다. 이제 물리학자가 아닌 일반인은 1미터가 과연 무엇인지 설명을 들어도 거의 이해할 수 없게 되는 수준에 이른다.

왜 이런 일이 벌어졌을까? 간단히 말하자면, 비록 일반인은 이해하기 어려울지언정, 단위의 정의가 물질의 핵심 구성요소가 보여주는 특성에 근거할수록 해당 단위의 객관성이 높아지기 때문이다. 사실 여부를 떠나서, 예를 들어 금속보다는 금속을 구성하는 원자가 훨씬 변화가 적으리라는 점은 누구나 짐작할 수 있다. 또한 원자 자체보다 각 원자의 특성이 더 변화가 적을 것이다. 결과적으로 인류의 과학적 지식이 풍부해질수록 이런 특성을 이용할 수 있게 되고 정의는 복잡해질 수밖에 없다. 하지만 과학적 측면에서 보자면 세계 어디에서든 적절한 장비만 갖추면 더욱 정확도가 높게 1미터를 만들어낼 수 있는 시대가 되었다. 방법은 복잡하지만, 결과를 놓고 본다면 혁명적인 일이 일어난 셈이다.

그러나 어느 혁명이라도 곧 진부해져 새로운 도전에 직면하듯, 1960년의 기준도 그리 오래가진 못했다. 몇몇 부지런한 과학자들의 노력 덕택에, 1983년에 1미터는 '빛이 진공에서 2억 9,979만 2,458분의 1초 동안 진행하는 거리'로 새롭게 정의되었다. 구관이 명관이었던 것일까, 크립톤86은 23년 동안 왕좌를 차지했던 것으로 만족하고 과거의 기준이었던 빛에게 다시 자리를 넘겨주고 만 셈이다. 눈치 빠른 사람이라면 간파했겠지만, 1미터라는 '길이'에 관한 이 정의는 '빛'과 '1'초'라는 두

가지 물리량을 이용해서 만들어져 있다. 이제 길이를 알려면 시간이 무엇인지, 빛이란 무엇인지를 알아야 한다는 뜻이다. 거창하게 표현하면 시간과 빛이 있어야 길이, 즉 공간이 존재한다는 것이다. 시간이 존재하지 않는다면 실재하는 것은 아무것도 없다는 사실이 1미터의 정의에 확연하게 들어 있는 것이다.

전문가만 이해하는 수준

기준이 되는 쇠막대기 대신에 빛의 파장을 이용해서 1미터를 정의하는 것은 엄청난 혁신이다. 그런데 혁신의 영향이 모든 사람에게 미칠 수 있을지는 몰라도, 모든 사람이 혁신을 이해하고 받아들일 수 있는 것은 아니다. 이제 1미터라는 개념은 미터원기만 보여주면 누구나 이해할 수 있던 단순한 개념에서 극소수의 과학자들만 이해할 수 있는 영역으로 넘어가버렸다. 1미터가 무엇인지를 정확히 이해하기 위해서는 빛이란 무엇이며 파동이 무엇인지, 또 파장이란 무엇인지 알아야 하고, 진공의 개념도, 빛의 파장을 어떻게 측정하는지도 이해해야 한다. 지적 개념이 고도화된다는 것은 점점 관련 지식을 가진 소수의 사람들만이 내용을 이해할 수 있게 된다는 의미다.

정치적 구호가 현실과 괴리되기 쉽듯, 새로운 1미터의 정의에도 비현실적인 부분이 있다. 1미터의 정의에 들어 있는 '진공眞空'을 인공적으로 만들어내는 것이 불가능하므로 실제로 1미터를 완벽하게 만들어낼 수가 없기 때문이다. 따지고 보면 과학자들은 현실적으로 하지도 못할 일을 정해놓고 그것을 기준으로 삼았던 것이다. 더 재미있는 사실은 이 문제가 지금까지도 여전히 해결되지 않고 있으며, 실제로는 공기 중에서 헬륨-네온 레이저를 이용해서 1미터를 측정하는 방법을 쓰고 있다는 점이다. 결국 과학자들은 1미터의 정의를 현실에서 비슷하게 구현하는 방법을 따로 정해놓은 것이다. 어딘가 정치가와 비슷하다는 생각을 지우기 힘들다. 당장 구현할 수도 없는 정의定意를 만들어놓고 이를 현실에서 비슷하게 만들어내려고 하는 과학자들의 접근 방법은 실천 불가능한 정의正義를 외치며 권력을 잡은 뒤 공약과는 꽤나 다른 정책을 펴는 정치가와 비슷한 구석이 있다. 과학도 정치적이라는 점을 보여주는 증거일 수도 있고, 효과적인 방법은 분야를 가리지 않는다는 사실을 보여주는 사례일지도 모르겠다. 좋게 보면 '이상은 높게, 실천은 현실적으로'이겠지만.

작은 것이 아름답다?

경제학자 에른스트 슈마허는 '작은 것이 아름답다Small is beautiful'라는 말로 인간 중심의 경제가 갖는 가치를 설파했다. 그의 말이 얼마나 널리 받아들여졌는지는 모르겠다. 하지만 20세기 중반까지도 세계 경제를 이끈 원동력은 '더 크고, 더 많이'로 상징되는 대량 생산과 자원의 대량 소비였으므로, 슈마허가 주장하려고 했던 것이 한창 기세를 올리던 자본주의적 경제에 보다 작은, 혹은 개인을 중심으로 하는 경제 방식을 제안하려는 것이었다면 이 말은 분명히 효과적이었다.

인간에게 욕심은 지극히 자연스런 감정이어서, 더 큰 것과 더 작은 것을 추구하는 마음이 동시에 존재한다. 그런데 1미터를 바라보면 더 큰 것을 추구하다가 점점 더 작은 것으로 향하는 모습이 적나라하게 드러난다. 1미터는 단지 지구 자오선의 4천만분의 1로 정해진 길이일 뿐이었으므로, 미터법을 만들려던 사람들이 처음에 찾으려 한 것은 '지구'의 크기였다. 실제 최초의 1미터를 측정하려던 사람들은 육체적으로도 힘든 탐험의 길에 나서야 했다. 그러나 이들을 뒤따르는 사람들은 1미터를 더욱 정교하고 안정적인 기준으로 만들기 위해 지구보다 더 큰 물체를 찾으려 하지 않았다. 오히려 정반대의 방향을 향했다. 그럴 만한 이유가 물론 있었다.

도구는 분명한 목적에 따라, 목적에 부합하도록 만들어진다. 숟가락과 삽은 무엇인가를 퍼내는 도구라는 점은 동일하지만, 크기가 전혀 다르다. 숟가락으로 땅을 파거나 삽으로 밥을 먹는 일은, 불가능하지는 않을지언정 전혀 효율적이라고 할 수는 없다. 적절한 크기라는 특성은 도구의 핵심적 요소 중 하나인 것이다. 단위도 도구여서, 대부분의 단위는 기준으로 사용된 대상의 크기가 사람이 쉽게 인지할 수 있는 정도였다. 동양의 자와 척, 서양의 피트와 인치처럼 몸을 기준으로 해서 만들어진 단위는 누구라도 대략의 크기를 손쉽게 짐작할 수 있었고, 평, 리, 홉, 되, 에이커, 마일 등 넓이, 부피, 거리를 나타내는 단위들도 대부분 신체나 농경과 관련된 기준에 따랐기 때문에 기준 자체가 누구나 이해하기 쉬웠다. 과학적 기준에 의거해서 만들어진 미터법도 기준이 되는 핵심 단위인 1미터, 1초, 1그램이 각각 지구 둘레, 하루의 길이,

물의 무게를 기준으로 해서 만들어졌으므로 특별히 전문적인 과학 지식을 갖고 있지 않은 사람도 각 단위의 기준을 이해하기가 어렵지 않았다. 그리고 전 세계의 모든 단위는 이제 미터법을 기준으로 규정되는 국제단위계라는 체계로 통합되었다.

그런데 19세기와 20세기에 걸쳐서 과학과 기술이 빠른 속도로 발전하면서 단위의 기준이 점차 변하게 된다. 현재 다양한 단위계에서 쓰이고 있는 단위의 종류는 수백 가지가 되지만, 이 모든 단위들은 국제단위계에 정의되어 있는 7가지의 기본 단위를 조합해서 만들어진다. 각각의 기본 단위는 특정 물리량을 표현한다. 결국 지금 인류가 알고 있는 자연의 모든 성질은 7가지 물리량의 조합으로 표현된다는 뜻이다. 그러나 이 7가지 물리량이 자연의 기본 물리량이라는 의미는 아니다. 그저 다양한 물리량 중에서 편의상 7가지를 정해 기준으로 삼아 나머지 물리량을 표현한 것뿐이다.

이 7가지 단위 중에서 질량을 제외한 나머지 6가지는 자연표준을 이용해서 정의되어 있다. 1미터는 빛의 파장을 이용해서, 1초는 세슘 원자의 성질을 이용해서 정의되어 있는 식이다. 아직까지 유일하게 자연표준을 만들지 못한 물리량은 딱 한 가지, 질량뿐이다. 그런데 이 7가지 기본 단위의 정의는 최초로 정해진 이후 몇 번에 걸쳐서 바뀌어왔다. 모든 기본 단위가 적어도 한 번 이상 정의가 바뀌었고, 현재의 정의도 바뀔 예정이다. 계획대로 모든 것이 진행된다면 2018년에는 킬로그램을 포함한 모든 단위가 인공물이 아닌 자연 현상에 의거해서 정의된다.

질량은 현재 유일하게 인공 기준물인 1kg 원기를 이용해서 기준이 정의되어 있는 단위다. 원기둥 모양의 킬로그램원기는 플래티늄과 이리듐의 합금으로 만들어져 있으며 프랑스 파리의 국제 도량형 사무국에 보관되어 있다. 현재 일부 나라가 이의 복제품을 보유하고 있다. 미국이 5개, 한국, 독일, 영국이 3개씩을 갖고 있으며 나머지 보유 국가는 2개 혹은 1개를 갖고 있다. 최신의 기술로 제조되어 엄중하게 보관되고 있다는 것을 제외하면 수백 년 전의 무게의 기준과 개념적으로는 사실 다르지 않다.

▲ 킬로그램원기의 복제품 중 하나. 미국 National Institute of Standards and Technology 소장.

국제 도량형 총회CGPM, Conférence Générale des Poids et Mesures는 2018년까지 현재의 7가지 기본 단위의 정의를 새롭게 만들려 애쓰는 중이다. 이 계획에 따르면 킬로그램도 플랑크 상수를 이용해서 정의되므로 더 이상 인공물인 킬로그램원기를 기준으로 삼지 않게 된다. 모든 것이 순조롭게 진행되면 드디어 인간이 기준으로 삼는 모든 단위가 비로소 완벽하게 자연 현상에 근거하여 정해지게 된다. 인류가 자연을 인공적인 창을 통해서가 아니라 '있는 그대로' 바라볼 수 있게 된 것이라고 해도 지나친 표현은 아닐 것이다.

작아도 너무 작다

새롭게 정의될 국제단위계는 거의 원자 운동 수준에서 이야기를 풀어나간다. 현재 쓰이고 있는 국제단위계에서 몇몇 기본 단위의 정의를 한번 살펴보자.

- 길이의 기본 단위 미터$_m$: '빛'이 '진공'에서 1/299,792,458초 동안 진행한 '경로'의 길이
- 시간의 기본 단위 초$_s$: '온도'가 0K인 '세슘-133' '원자'의 '바닥 상태'에 있는 두 '초미세 준위' 사이의 '전이'에 대응하는 '복사선'의 9,192,631,770 '주기'의 지속 시간
- 온도의 기본 단위 켈빈$_K$: 물의 '삼중점'의 '열역학적 온도'의 1/273.16

언뜻 보아도 이해해야 할 개념이 한두 가지가 아니다. 길이의 정의를 이해하기 위해 '진공'과 '초'의 의미를 이해해야 하며, 1초의 정의를 이

해하려면 켈빈K, 세슘 원자, 바닥상태, 초미세 준위, 전이, 복사선, 주기 등의 의미를 알고 있어야 한다. 이제는 누구나 단위의 기준을 손쉽게 이해할 수 있는 시대가 아닌 것이다. 그래서 일부 학자들은 쇠막대기에서 시작한 길이 1미터의 기준이 빛의 파장과 세슘, 원자의 바닥상태 등을 통해서 정의되는 수준에 이른 것을 빗대어 새 국제단위계를 '양자역학적 단위계'라고 비아냥거리기도 한다. 하지만 심지어 물리학자를 포함하더라도, 양자역학을 온전하게 이해하는 사람이 얼마나 되겠는가.

물론 과학자들이 슈마허의 주장을 따른 것도 아니고(작은 것을 추구한 면에서는 과학자들이 슈마허보다 100년은 앞섰다), 감성적인 결정으로 작은 기준을 선호한 것도 아니다. 하지만 어떤 이유에서건 이제 모든 단위의 정의는 대중의 이해 능력을 벗어난 곳에 존재하고 있다. 게다가 작아도 너무 작은 세계에 존재한다. 너무 작은 것을 기준으로 삼는 상황이 되면서 단위의 정의를 표현하는 숫자 자체가 길고 복잡해지는 것은 피할 수 없었다. 이해하는 데 특별한 지식이 필요하다는 것은 누구나 사용해야 하는 단위의 개념이 대중의 이해에서 점점 멀어지고, 소수의 손에 들어갔다는 뜻이기도 하다.

사실 미터법을 탄생시킨 원동력 중 하나는 도량형을 정하는 객관적 기준을 만들려는 데 있었다. 이처럼 태생부터 개방된 체계를 추구하던 미터법이 이제는 오히려 소수의 사람들만이 이해하고 다룰 수 있는 영역으로 들어가고 있다. 물론 오늘날의 기준은, 소수의 손에 의해서 만들어진다고는 해도 그 내용이 완전히 공개되기 때문에 과거와 달리 특정 개인이나 집단이 이를 이용해서 부당한 이득을 볼 수는 없는 구조다. 그러나 변화가 있으면 누군가는 이득을 보고 누군가는 손해를 보게 마련이다. 단위의 정의가 원자 수준까지 작아진 오늘날, 손해를 보는 쪽은 어디이고 이득을 보는 사람들은 누구일까? 과학자들은 어떠할까?

소리로 길이 재기

어떤 사물의 물리량을 알고자 할 때는 알고자 하는 그 사물과 직관적으로 동일한 물리량을 가졌음을 알 수 있는 대상을 기준으로 삼게 마련이다. 길이는 팔이나 다리, 키처럼 눈으로 길이를 파악할 수 있는 것을 기준으로 사용했다. 미터법의 미터원기도 사실상 특정한 막대기의 길이를 기준으로 한다는 점에서 이런 방법의 연장선상에 있는 물건이다. 물론 과학의 발전에 따라 지금은 길이의 기준이 빛의 특성을 이용해서 정의되어 있지만, 사실 빛의 파장도 결국 길이이긴 마찬가지다. 예나 지금이나 물리량의 종류에 관계없이, 단위의 기준을 다른 종류의 물리량을 이용해서 정한다는 생각은 선뜻 하기 어렵다. 그러나 놀랍게도 이미 오래전에 전혀 다른 물리량을 이용해서 길이를 규정한 사례가 존재한다. 소리를 이용해서 길이를 규정하는 일이 있었던 것이다. 어떻게 이런 접근이 가능했을까?

절대 음감은 아무런 사전 정보 없이 특정한 주파수(높이)의 소리를 듣고 그 음이 어떤 음인지를 알아내는 능력을 가리킨다. 절대 음감을 갖고 있으면 피아노 소리만 듣고 어느 건반을 눌렀는지를 정확히 알아낼 수 있다. 이런 능력까지는 아니더라도, 기준이 되는 음을 들려주고 이 음의 높이를 알려준 뒤, 다른 높이의 음을 들려주면 그 음의 높이를 파악하는 능력을 상대 음감이라고 부른다. 상대 음감은 많은 사람에게 있지만, 절대 음감을 가진 사람은 굉장히 드물다. 드물긴 해도 사람들 중에는 소리에 대해 이처럼 절대적인 감각을 갖고 있는 경우도 있다는 사실은, 일정한 높이의 소리도 무엇인가의 기준으로 삼을 수 있음을 의미한다. 같은 높이의 소리를 재현할 수 있고 그 소리의 높이가 어떤 음인지를 알아내는 능력을 가진 사람이 있다면 소리도 훌륭한 기준이 되는 것이다.

중국에서는 오래전에 소리를 이용해서 도량형의 기준을 삼는 방법을 고안해냈다. 기원전 3세기 후반, 유방과 항우의 싸움으로 유명한 초나라와 한나라의 경쟁에서 이겨 통일 제국이 된 한나라의 도량형 체계는 이전에 진나라가 만들어놓은 것을 따르고 있었다. 이때 사용되던 길이의 기준이 의외로 소리의 높이였다. 중국의 궁중음악인 아악雅樂에서 황종黃鐘은 오늘날 쓰이는 음계의 A음(라)에 해당하는, 주파수가 440헤르츠Hz인 소리를 낸다. 한나라에서는 이 소리를 내는 피리인 황종적黃鐘笛의 길이를 기준으로 길이의 단위를 정했다. 황종적은 대나무로 만들어져 있었는데, 대략 평균적인 크기의 기장 90톨을 늘어놓을 때의 길이가 되도록 피리를 만들면 기준음과 같은 높이의 소리가 났다. 곡식의 낱알은 의외로 크기의 편차가 크지 않아서 기준으로 사용하기에 편리한 면이 있었다. 결국 기장 낱알의 수가 길이의 기준이 된 셈이라고도 볼 수 있었다. 역으로, 기장 낱알 90개를 늘어놓은 길이의 황종적에서 나는 소리를 절대 음감이 뛰어난 사람이 들어보면 피리의 길이가 정확한지 아닌지를 알 수 있는 것이다. 어쨌건 소리의 높이를 이용해 길이의 기준을 정하는 것으로 시작했지만 결과는 기장 낱알을 이용하는 것이었다. 절대 음감을 가진 사람은 찾아보기 드물지만 기장 낱알은 어디에서나 구하기 쉬울 테니, 실용적인 면에서 상당히 뛰어난 방법이었다. 덤으로 절대 음감이 있는 사람, 혹은 황종적의 소리를 알고 있는 사람이라면, 기장 낱알을 이용해 길이를 맞춘 피리의 소리가 기준보다 높은지 낮은지를 판단할 수도 있었다.

기준 길이가 정해졌으므로 이제 기장 낱알, 혹은 황종적의 길이를 기준으로 다양한 길이를 정의할 수 있게 된다. 기장 1톨의 길이를 1분分으로 정하고, 10배가 될 때마다 새로운 단위명을 만들어, '1인引=10장丈=100척尺=1,000촌寸=10,000분分'이 되었다. 혹은 황종적의 길이를 9촌이라고 정의해도 마찬가지다. 물론 기장의 크기가 항상 일정한 것은 아니었지만 기장은 온 세상이 농촌이던 시절에 어디서든 상대적으로 구하기 수월한 것이었으므로 길이의 기준으로 삼기에 적절하기는 했다. 게다가 기장은 길이의 측정 수단으로 쓰이는 데 멈추지 않았다. 황종적 안에는 기장 1,200톨이 들어갈 수 있었으므로 기장 낱알의 수를 이용해서 부피의 단위까지 정했다. 기장 1,200톨과 같은 양의 물의 부피를 1약龠으로 정하고, 1곡斛=10두斗=100승升=1,000합合=2,000약으로 규정했다. 결국 특정한 높이의 소리를 기준으로 해서 어디서나 구할 수 있던 곡식인 기장 낱알을 활용하는 방법으로 길이와 부피를 모두 정한 셈이었다.

이 방법은 이로부터 오랜 세월이 지난 뒤의 조선에서도 쓰였다. 한나라가 세워진 지 약 1,600년 뒤, 세종 치하에서도 한나라 때와 똑같은 방법으로 황종적을 이용하여 도량형을 정비했다는 기록이 있다. 특정한 높이의 음을 기준으로 하므로 음의 높이를 확인할 방법만 있다면 어디서든 기준으로 삼기에 적절한 방법이다. 그러나 문제는 음 높이를 어떻게 활용하느냐에 있다. 음 높이를 판단할 수 없다면 비록 기장 낱알의 크기가 편차가 크지 않다고 해도, 결국 낱알의 크기에 따라 기준이 마구 달라지고 만다. 그러므로 자세히 보면 이런 식으로 길이를 정하는 방법에서 피리 소리의 높낮이가 기준인지, 기장 낱알의 크기가 기준인지 모호해진다. 실제로 한나라 때에도 황종 피리의 높낮이 기준이 달라지는 경우가 있었다고 한다. 황제가 피리 소리의 높이가 조금 낮았으면 좋겠다고 하면, 그에 따라 피리 길이가 길어지고(피리가 길어질수록 낮은 음이 난다), 길이의 기준이 기장 낱알 90개가 아니라 95개, 100개가 될 수도 있다. 마찬가지로 한 홉의 부피의 기준도 커진다. 세금을 내야 하는 백성들의 입장에서는 세금으로 내야 할 곡식의 양이 늘어나는 셈이었다. 이처럼 도량형을 손에 쥔 상태에서는, 단순하면서도 효과적인 방법으로 이를 악용할 여지가 있는 것이다.

소리의 높이로 길이와 부피의 기준을 정하는 방법은 사람마다 다를 수밖에 없는 신체 부위의 크기를 기준으로 하는 것보다는 훨씬 체계적이고, 국가라는 조직의 틀이 잡혀야만 가능한 방법이다. 하지만 이처럼 기발한 방법도 내막을 들여다보면 어떤 방식으로 제도를 운용하느냐가 훨씬 중요하다는 사실을 보여줄 뿐이다.

사실, 소리와 길이는 원래부터 밀접하게 연관되어 있다. 음파는 높이에 따라 일정한 파장을 가지므로 이 특성을 이용하면 소리를 이용해서 길이를 측정하는 것이 가능하다. 실제로 오늘날에도 많은 경우에 이 원리가 길이 측정에 심심치 않게 사용된다. 잠수함은 바닷속에서 음파를 보낸 뒤 이 음파가 적 잠수함에 반사되어 되돌아오는 시간을 측정하여 상대방까지의 거리를 측정할 수 있다. 바다의 깊이를 측정할 때도 같은 원리를 이용한다.

소리 이외에 전파나 레이저를 이용해서 거리를 측정하는 방법도 파동의 파장을 이용한다는 면에서는 소리를 이용하는 것과 원리적으로 완벽히 동일하다. 다만 공기 중의 음파는 사람의 귀에 들리는 파동일 뿐이다. 골프장이나 건설 현장에서는 레이저 거리계를 이용해서 거리를 측정하기도 하고, 지구에서 달까지의 거리를 잴 때도 레이저를 쏘아 이것이 반사되어 지구로 돌아오는 시간을 측정해 거리를 계산하는데, 이것도 결국 마찬가지 원리에 의존한다.

소리를 이용해서 거리를 재는, 일상에서 쉽게 찾아볼 수 있는 예가 있다. 자동차가 후진할 때 주변 장애물을 파악하고 이를 운전자에게 알려주는 장치는 대부분 인간에게는 들리지 않는 주파수의 소리인 초음파를 이용해서 장애물까지의 거리를 측정한다. 초음파를 발생시키는 장치가 만들어낸 초음파가 외부의 물체에 반사되어 오는 시간을 측정해서 차와 물체 사이의 거리를 파악하고, 거리가 일정 기준 이하가 되면 경고음을 만들어내는 것이다. 주행 중에 앞 차와의 거리를 판단해서 자동으로 속도를 조절하는 장치도 원리는 마찬가지다. 기본적으로 소리와 빛을 포함한 모든 파동은 일정한 길이의 파장을 가지므로, 길이의 기준이 될 수 있다.

여의도의 100배

33.9km에 이르는 어마어마한 길이의 방조제를 건설해서 만들어진 새만금 간척지 넓이는 약 409km²에 이른다. 1km²는 가로와 세로 변의 길이가 각각 1km인 정사각형의 넓이이므로, 새만금 간척지의 넓이는 이런 정사각형 409개의 넓이와 같다. 이런 설명이 매우 명쾌하긴 하지만, 이것만으로는 간척지가 실제로 어느 정도의 넓이인지 감을 잡기가 쉽지 않다. 그래서 방송이나 뉴스 등에서는 이해를 돕기 위해 제곱킬로미터 같은 면적의 단위를 사용하는 대신에 친숙한 대상을 비교의 상대로 삼는 경우가 많다. 예를 들어, 토지의 넓이와 관련해서 대한민국의 뉴스에 흔히 등장하는 것이 여의도다. 뉴스에서는 '새만금 간척을 통해서 409km²의 새로운 토지가 확보되었다'라고 표현하기보다는 '새만금 간척을 통해서 여의도 면적의 140배 수준에 이르는 토지가 만들어졌다'라고 하는 경우가 많고, 실제로 이편이 더 이해하기도 쉽다. 409km²라는 훨씬 정확한 표현보다 '여의도 면적의 140배 수준'이라는 애매한 표현을 굳이 쓰는 이유는 오로지 사람들이 이해하기 쉽기 때문이다. 현실에서는 정확성보다는 융통성에 더 가치를 두는 곳일수록 편리함이

우선시될 때가 많다.

그런데 왜 하필 여의도일까? 여의도는 적어도 수도권에 거주하는 주민이라면 한 번은 가본 경험이 있을 가능성이 큰 곳이다. 또한 여의도는 그리 넓지 않은 곳이어서, 가본 사람이라면 여의도의 넓이에 대한 감을 어느 정도 가질 수 있다. 게다가 대한민국은 수도권 거주 인구가 전체 인구의 절반에 가깝기 때문에 여의도는 넓은 면적의 땅의 크기를 표현할 때 비교 기준으로 쓰기에 아주 적절한 곳이다. 그렇다면 '409km²'보다는 '여의도 면적의 140배'가 더 가늠하기 쉽다.

아울러, 비교의 대상으로 여의도가 사용되는 이유는 여의도가 한국인이라면 누구나 잘 알고 있는, 상징성이 있는 지역이기 때문이다. 듣는 이가 에베레스트산에 가봤다고 전제하지 않고서도 '솟구쳐오른 화산재가 에베레스트산 높이의 10배'라는 표현이 쓰이는 것처럼, 어떤 면에서는 사람들이 여의도의 면적을 얼마나 정확하게 감지하고 있느냐보다는 여의도의 상징성이 더 중요한 것이다. 전국의 독자를 대상으로 하는 기사에서 토지의 넓이를 '연평도 넓이의 100배' 혹은 '청도군 넓이의 35배'라는 식으로 표현하지 않는 것은 언론에서 연평도나 청도군을 무시해서가 아니라 이를 넓이 감각의 기준으로 삼을 수 있는 독자가 드물기 때문이고, 대표성이 부족하기 때문이다.

거대한 크기를 자랑하는 선박이나 항공모함에 관한 소식을 다룰 때도 크기를 가늠하는 방법으로 '축구장 크기의 몇 배'라는 식의 표현이 많이 쓰이는 것도 같은 이유다. 비교의 기준이 이해하기 쉬울수록 짐작이 쉽다. 이처럼 기존의 시설물이나 특정 지역과 비교하는 방식으로 넓

▲ 단위를 사용하지 않고 크기를 표현하려면 적절한 비교 대상이 필요하다. 인터넷 뉴스화면 캡처.

이를 표시하는 방법은 어느 나라에서나 흔하게 쓰인다. 모든 나라에는 많은 사람들이 친숙하게 여기는, 지표가 되는 지역이나 시설물이 존재한다. 나라마다 어떤 지표가 사용되는지를 보면 그 나라에서 어느 지역, 혹은 어떤 시설물이 사람들의 뇌리에 강하게 자리 잡고 있는지를 알 수 있다. 미국에서는 뉴욕 시에 있는 맨해튼 지역, 일본이라면 도쿄에 있는 돔 야구장인 도쿄돔이 이런 존재일 것이다. 인구도 많고 땅도 넓은 미국에서는 뉴욕에 가본 사람보다 안 가본 사람이 더 많겠지만, 그래도 맨해튼이 갖는 상징성이 있는 것이다. 일본에서는 지역이 아니라 도쿄돔이라는 특정 시설물을 비교의 기준으로 사용하는 경우가 많은데, 그러면 장점이 한 가지 추가된다. 한국에도 서울 고척동에 돔 구장이 있어 이곳에 가본 사람이라면 알 수 있겠지만, 돔 구장은 넓이뿐 아니라 거대한 부피의 비교 기준으로도 사용할 수 있다. 개인이 일상에서 돔 구장 정도의 부피를 직접적으로 눈으로 가늠할 수 있는 기회란 매우 드물다. 그런 면에서 돔 구장은 거대한 부피를 설명할 때 기준으로 사용하기에 매우 편리한 존재라고 할 수 있다. 이제 국내에서도 앞으로 더 많은 사람들이 돔 구장을 경험하고 나면 넓이나 부피의 비교 기준으로 고척동 돔 구장을 사용하는 것이 여의도 못지않게 자연스러워지는 때가 올지도 모른다. '한국에서 1년에 소비되는 천연가스의 부피가 돔 구장 ○○개만큼'이라는 표현도 어색하지 않을 것이다.

원 월드 트레이드 센터 높이의 비밀

건물은 필요에 의해서 짓는 구조물이지만, 경우에 따라서는 건물의 용도를 넘어선 상징성을 갖게 되기도 한다. 어느 나라에나 그 나라를 상징하는 랜드 마크가 되는 건물들이 존재하는 것도 그런 연유에서다. 이런 상징성은 건물에 담겨 있는 다양한 역사적 가치에서 만들어지기도 하고 미적인 요소에서 비롯되기도 하지만, 때로는 오로지 거대한 크기에 의해서 생겨나기도 한다. 오늘날 지어지는 100층이 넘는 초고층 건물들은 대체로 높이 자체로 상징성을 가지려는 경향이 있다. 나라에서 가장 높은 건물, 지역에서 가장 높은 빌딩, 세계에서 가장 높은 빌딩 등의 칭호에 연연하는 사례들에서 보듯, 역사적, 미적으로 확연하게 차별화되는 개성을 갖지 못한 상태에서 자신을 내세울 수 있는 가장 손쉬운 수단이 겉으로 드러나는 크기이며, 가장 극적으로 자신의 존재감을 알릴 수 있는 요소가 높이이기 때문이다.

2001년의 9·11 테러로 무너진 월드 트레이드 센터는 한때 세계에서 가장 높은 빌딩의 자리를 차지한 적도 있었다. 이 쌍둥이 건물이 무너진 자리에 새로 지어진 건물이 원 월드 트레이드 센터One World Trade Center 다. 테러로 무너진 월드 트레이드 센터를 대신해서 새로 지어지는 건축물은 기념비, 건물, 공원 어떤 형태가 되더라도 상징성이 부여될 수밖에 없었다. 당연히 건물을 설계하는 쪽에서도 다양한 방식으로 상징성이 표현되도록 애썼다. 우선 무너진 쌍둥이 건물의 북쪽 타워의 공식 명칭이 '원 월드 트레이드 센터'였으므로, 새로 지어진 빌딩은 이름부터 무너진 건물과 같았다. 또한 새 건물의 높이는 417m인데, 이는 무너진 세계 무역 센터 빌딩의 높이와 똑같도록 의도적으로 만든 것이었다.

여기까지는 누구라도 쉽게 이해할 수 있다. 그러나 원 월드 트레이드 센터는 여기에 한 가지를 더했다. 새 빌딩의 옥상에는 높이 10.16m짜리 안테나 탑이 설치되었는데, 이 안테나 끝까지의 길이를 포함해서 빌딩의 높이를 측정하면 541m이다. 굳이 안테나의 높이를 10.16m로 만든 특별한 이유가 있거나, 혹시 541이라는 숫자에 특별한 의미라도 있는 것일까? 그렇지는 않다. 그러나 건물의 높이를 바라보는 단위를 미국에서 일반적으로 쓰이는 길이 단위인 피트feet로 바꾸면 이야기가 달라진다. 우리가 알고 있는 원 월드 트레이드 센터의 높이는 541m이지만, 미국인들이 알고 있는 이 건물의 높이는 1,776피트다. 1776? 이해에 미국은 영국으로부터 독립해서 새로운 국가가 되었다. 설계자들은 새 빌딩을 통해서 단지 9·11 사건의 기억만을 되새기려고 한 것이 아니라, 미국인이라면 누구나 의미 있게 받아들이는 독립의 해를 표현하는 숫자를 건물에 부여함으로써 국가적 일체성을 강조하려는 의도를 담았던 것이다.

▲ 원 월드 트레이드 센터의 높이는 1776피트. Joe Mabel/wikimedia commons.

피트에 익숙하지 않은 외국인으로서는 541m라는 높이가 세계에서 가장 높은 빌딩의 높이인지, 혹은 미국에서 가장 높은 빌딩의 높이인지를 먼저 궁금해 하겠지만, 미국인이라면 '이 빌딩의 높이는 1,776피트입니다'라는 설명을 듣는 순간부터 그 의미를 자연스럽게 파악할 수 있을 것이다.

한국에도 비슷한 사례가 있다. 천안에 위치한 독립기념관은 이름에서도 알 수 있듯이 한국이 일본의 식민 지배에서 벗어나 독립국가를 만들게 된 것을 기념하려는 목적으로 지어진 시설이다. 넓은 부지에 다양한 기념물과 사료를 전시하는 이곳의 인터넷 주소는 www.i815.or.kr 이다. 인터넷 주소는 해당 시설을 대표하는 명칭 중 하나로 인식되기 때문에 고심 끝에 지어지게 마련이다. 그런데 보통 공공기관의 인터넷 주소에 공식 명칭에 들어 있지 않은 숫자를 사용하는 경우는 매우 드물다. 숫자는 기억하기 어렵고, 숫자만으로는 의미를 전달하기 힘들기 때문이다.

그러나 이 주소에 들어 있는 '815'가 무엇을 의미하는지는 한국인이라면 누구나 금방 알아챌 수 있다. 1945년 8월 15일은 일본의 항복으로 태평양 전쟁이 막을 내린 날이기 때문에, 한국인 이외에도 미국인이나 일본인 중에도 815라는 숫자의 의미를 미루어 짐작할 수 있는 사람이 꽤 있을 것이다. 제2차 세계대전의 시대를 겪었거나 당시 역사에 조금이라도 관심이 있는 사람이라면 누구라도 그 의도를 이해할 수 있는 숫자이기도 하다. 이처럼 많은 사람들이 기억하는 단 세 자리 숫자만으로도 이곳이 어떤 의도로 지어진 곳인지를 명쾌하게 전달할 수 있는 것이다. 특정한 날짜를 가리키는 숫자가 갖는 상징성을 이용하는 사례는 이 밖에도 무수히 많을 것이다. 그만큼 많은 사람에게 각인된 숫자는 상징성이 강하다는 의미로 받아들여도 무리가 아니다.

3

경쟁하는
단위

Nm

μm

+

°F

Bq

℃   minute

m   °F   +   ·ct   ppm

s   mph   +   ·mm· kg

km/h   mL   +   Sv

———————

생태계에 존재하는 모든 생명체에게 경쟁은 피할 수 없는 일이다. 그런데 생명체가 아닌, 인간이 만들어낸 것들이 서로 경쟁해야 하는 경우가 있다. 사람이 만들어낸 다양한 물건과 도구들은 새롭게 만들어지는, 혹은 이미 자리 잡고 있던 것들과 사람들에게 선택받기 위해 경쟁한다. 물건과 도구에게 자의식이 있을 리없고, 실제의 경쟁은 이런 존재를 이용하는 사람들 사이에서 이루어지는 것이긴 하다. 어쨌든 이 경쟁에서 패한, 혹은 인간에게 선택받지 못한 것들은 결국은 도태된다. 꼭 형태를 가진 물건들만 그런 것도 아니다. 인간이 만들어낸 개념들도 그렇다. 경쟁은 모든 분야에서 일어나는 현상인 셈이다.

수치를 이용한 표현을 위한 도구인 단위도 마찬가지여서, 오래전부터 다양한 단위들이 경쟁해왔다. 당장 최근 100년만 살펴봐도 한반도에서 사용되다가 새로운 단위에 밀려 사라진 단위가 적지 않다. 어쩌면 거의 다 사라졌다고 해도 과언이 아니다.

———————

진시황에게 고마워해야 할까

단위 혹은 도량형 이야기에 빠지지 않고 등장하는 인물을 들자면 아마도 중국을 처음으로 통일했다는 진秦나라의 황제, 진시황이 아닐까 싶다. 진나라가 여러 나라를 차례로 무너뜨리고 난 뒤 펼친 여러 가지 정책 중에 길이와 부피, 무게의 기준을 통일한 것이 있다. 이 도량형의 통일 업적이 널리 알려져 있긴 하지만, 사실 진나라는 도량형뿐 아니라 다양한 규격을 통일했다. 그때나 지금이나 중국이라고 불리는 지역은 땅이 넓은 만큼 지역에 따라 민족, 언어, 생활양식 등이 매우 다양했다. 그런 상황에서 진시황은 문자도 통일했고, 수레의 바퀴 폭도 통일했다. 또한 수레에 얹을 화물 상자의 크기, 나아가 도로의 폭까지 규격화했다. 진시황은 한마디로 국가의 모든 것을 '표준화'했다. 규격을 표준화하려면 먼저 단위가 통일되어 있어야 하므로, 도량형 통일은 모든 규격화의 첫 단추였던 셈이다. 이런 시도의 목적은 경제 활동을 활성화하고 세금 징수를 용이하게 하는 것이었다고 흔히 이야기하지만, 오늘날 식으로 표현한다면 핵심은 경제의 효율을 높이는 데 있었다.

그런데 진시황은 이런 업적도 남겼지만 잘 알려져 있듯 엄청난 양의 책을 태워버리기도 했다. 언뜻 지금의 눈으로 보면 모순적인 일들이지만 사실 이 정책들 사이에는 공통점이 있다. 진시황은 도량형이나 수레 바퀴의 규격뿐 아니라 문화와 사상, 학문, 사람의 생각까지도 표준화하려고 했던 것이다. 사회의 하드웨어를 통일하면 사회적 에너지 낭비가 줄어들어 효율이 올라가고, 모든 사람이 혜택을 본다. 그렇다면 사회의 소프트웨어인 생각을 하나로 통일해버리면 어떨까? 결과를 떠나서, 인간의 본능적 자아는 외부에서 오는 통제를 거부하는 성향이 있어서인지, 획일성을 힘들어하는 경우가 많다. 그리고 사회적 하드웨어와 소프트웨어 모두 시간이 지나면 다양한 모습으로 분화하는 경향이 발견된다. 물리학적 관점에서 보자면 무질서도가 증가하는 자연스런 현상으로 파악할 수 있을 것이다.

때론 설득보다 강제

진나라가 도량형을 통일했지만, 새롭게 적용하려 한 도량형이 사람들 사이에서 금방 퍼져나가 곧바로 널리 이용되었을 리 만무하다. 기본적으로 진나라는 여러 나라를 정복해서 하나로 합친 국가였으며, 힘으로 국민을 통제하는 정책을 사용하는 국가였다. 진나라에서는 법이 강조되었고 법에 따른 통치가 이루어졌으나, 사람들이 법을 잘 따르도록 만들기 위해, 법을 위반한 자들을 대체로 가혹하게 처벌했다고 한다. 대표적으로 분서령焚書令에 따르면 두 사람 이상이 모여서 《시경詩經》과 같은 책에 대해서 이야기하면 사형을 당했고, 옛 책과 이야기를 소재로 당시의 정세를 비판하면 온 집안이 참수당했다고 한다. 게다가 두 가지 이상의 죄를 지으면 처벌을 두 배로 하도록 했고, 그것도 지은 죄 중에서 더 무거운 죄를 기준으로 했다. 당시는 지금과 달리 사람 목숨을 끊는 형벌을 전혀 어렵게 여기지 않는 시대였으니 웬만한 죄만 지어도 목이 날아가기 일쑤였던 셈이다. 한마디로 극한의 공포정치를 폈던 것이다. 이처럼 강한 처벌은 다른 법률에도 마찬가지로 적용되었고, 도량형이라고 예외일 수는 없었을 것이다. 이런 식의 통치 아래에서 '온 세상이 진나라의 통치를 힘들어 한다'라는 말이 나올 정도로 사회 분위기는 굳어져갔고 결국 진은 통일 후 불과 15년 만에 무너진다.

하지만 역설적이게도, 진나라가 이처럼 무지막지한 공포정치를 폈기 때문에 불과 15년 사이에 도량형이 통일되고 자리를 잡았다는 점은 부인하기 어렵다. 이 정도의 강제력이 아니면 사실 2천 년 전의 사회에서, 그것도 중국처럼 넓은 지역에서 한 가지 도량형이 짧은 시간에 자리 잡기는 불가능하다. 진나라의 도량형이 얼마나 자리를 잘 잡았는지는 진이 무너진 후, 항우의 초나라와 유방의 한나라가 벌인 싸움 끝에 다시 중국을 통일한 한나라도 진의 도량형을 그대로 이어서 사용했다는 사실에서 잘 드러난다. 사실, 이미 잘 자리 잡은 도량형을 굳이 바꿀 이유도 없었다. 이처럼 중국의 도량형은 폭정과 공포에 기대어 자리를 잡은 것이다.

진나라가 가혹한 법과 힘에 의지해서 공포정치를 편 데는 역사적 배경이 있다. 진나라는 오늘날에도 중국에서 변방으로 취급받고 인구가 작은 지역인 간쑤성 지역에서 시작한 나라로, 인구 구성 자체가 다양한 민족으로 이루어져 있었고 끊임없이 외부의 이민족과 싸워야 하는 환경에 처해 있었다. 이런 상황에서는 자연스럽게 강력한 법을 시행해야만 국가를 유지할 수 있다. 결국 진은 태생부터가 강력한 통제국가일 수밖에 없었고, 그 결과물 중 하나가 도량형의 통일이었다고 할 수 있다. 진나라의 공포정치 혹은 폭정으로 인하여 많은 사람들이 고난을 겪었겠지만, 그 이후 수천 년간 동아시아에서 사용된 도량형이 진나라의 도량형을 이어받아 큰 변화 없이 사용되었다는 사실은 사회를 단순한 시선으로 바라보기가 힘들다는 점을 극명하게 보여준다. 조금 과장하자면, 진나라 이후 2천 년 이상 동아시아에서 삶을 이어간 사람들은 모두 조금씩 진나라의 통치 아래 힘든 시간을 보냈던 사람들의 고난에 감사의 마음을 가져야 할 수도 있겠다.

길이	부피	무게
1분分≒2.25cm	약侖≒200cc	수銖≒0.67g
1촌寸=10분	1합合=2약	1냥兩=24수
1척尺=10촌	1승升=10합	1근斤=16냥
1장丈=10척	1두斗=10승	1균鈞=30근
1인引=10장	1곡斛=10두	1석石=4균

▲ 진나라의 도량형

그때 그 이름

한나라 때 쓰인 역사서(《한서漢書》의 〈율력지律歷志〉)에는 도량형 제도에 관한 내용이 분명하게 기록되어 있다. 그 내용에 따르면 길이와 부피는 10진법을 기반으로 정의되어 있지만 무게의 단위는 4, 12, 16, 24배와 같은 비율로 정해져 있다. 아마도 무게를 적용하는 대상이 대부분 농산물이기 때문에 2분의 1, 3분의 1, 4분의 1, 6분의 1처럼 다양한 비율로 나누기 쉽게 하려는 목적에서였을 것이다. 이런 점에서는 12진법을 적극적으로 사용한 야드파운드법과 유사하다. 당시의 유럽과 중국은 전혀 별개의 문명을 이루고 있었지만, 효율적인 선택을 하려다 보면 동일한 결과에 이르게 되는 법이기도 하다.

흥미로운 사실은 당시에 단위의 명칭으로 정해진 이름 대부분이 지금까지도 쓰인다는 사실이다. 척, 두, 합(한국어로 홉), 냥, 근, 석 등의 단위는 지금도 남아 있다. 한국, 일본, 중국에서 쓰이는 도량형을 통칭 '척근법尺斤法'이라고 부르는 것도 길이의 단위 척尺과 무게의 단위 근斤을 따서 만든 데서 비롯되었다. 오늘날에는 미터법의 사용으로 인해 척근법은 더 이상 공식적으로 쓰이지 않지만, 척근법에서 사용되던 단위의 명칭은 한국뿐 아니라 일본, 중국에서도 여전히 남아 있다. 심지어 중국에서는 미터를 공척公尺으로, 킬로그램을 공근公斤으로, 리터를 승升으로 부르는 식으로 미터법의 단위도 척근법의 단위 이름을 활용하거나 조금씩 변형한 형태로 부른다. 2천 년 전 폭력적인 권력의 힘으로 자리 잡은, 이미 지나간 과거의 유산일 뿐으로 느껴질 수도 있는 척근법의 단위들이 여전히 다양한 모습으로 생존하고 있는 것이다.

힘만으로는 힘들다

권력이 힘으로 새로운 도량형을 밀어붙였다는 점에서 프랑스 혁명 이후의 프랑스와 통일 이후의 진나라에는 유사한 면이 있다. 혁명의 여파로 수많은 인명이 처형된 프랑스 사회였지만, 일반인들 입장에서는 크게 삶이 달라진 것이 없다고 해도 무리가 아닌 상황이었다. 왕정을 무너뜨리고 새롭게 세워진 정부의 입장에서는 과거의 모든 잘못된 것을 고쳐서 새롭게 시작하려 한다는 것을 보여줄 필요가 절실한 상황이었다. 이때 도량형은 이런 목적에 매우 적합한 대상이었으므로, 새 정부는 적극적으로 새 도량형의 도입을 추진한다.

사실 프랑스 혁명이 시작된 이후, 혼잡한 도량형과 그로 인한 폐단은 왕정 시대 프랑스의 혼란을 상징하는 것 중 하나로 받아들여졌다. 혁명의 피바람이 한창 몰아치고 있을 때, 프랑스 과학 아카데미는 구체제를 일소하자는 혁명의 분위기를 적절히 활용해서 새로운 도량형인 미터법을 표준으로 삼으려고 했다. 과학자들도 정치적 상황을 잘 이용해야 한다는 점을 알고 있었던 것이다. 이들은 귀족 출신임에도 혁명에 가담했던 인물인 탈레랑을 앞세워 "자연표준을 기준으로 하는 도량형을 정하여 국민의 삶을 안정시킬 필요가 있다"며 도량형 개혁안을 제출한다. 혁명 세력으로서도 받아들이기에 명분이 좋은 제안이었다.

비단 미터법 추진이 아니더라도, 모든 정치적 시도는 항상 그럴듯한 명분과 함께하게 마련이다. 특히 경제 활동과 관련이 있는 경우라면 대부분 경제의 효율을 높이거나 세금 징수와 관련된 문제를 바로잡아 국민의 삶을 공평하고 풍요롭게 하겠다는 명분을 내세운다. 그런데 도량형을 바꾸려면 어떤 방식으로건 국민을 설득해야 하는데, 왕정 시대의 프랑스는 그럴 엄두를 내지 못했었다. 이해 당사자가 너무 많기 때문이다. 미터법에 가장 먼저 매료된 사람들은 귀족이나 상인, 농민이 아니라 과학자들이었다. 그 덕택에 미터법 자체는 정치적 문제와는 무관하게 추진되고 만들어질 수 있었다. 이렇게 만들어진 미터법은 이성적이고 합리적이면서 정치적으로도 무색무취한 목표와 정신을 내걸었고, 이를 기반으로 다양한 계층의 지지를 확보하려고 했다.

미터법의 특징은 무엇이었을까? 미터법의 첫째가는 목표는 모든 체계를 10진법으로만 구성하는 것이었다. 이는 지금의 시각으로 보면 너무나도 당연하고 자연스러운 내용을 목표로 삼은 것인데, 당시 프랑스에서 쓰이던 도량형이 논리적으로 부자연스러웠다는 사실을 반증한다. 야드파운드법처럼 10진법, 12진법, 20진법이 섞여서 농산물 거래에 최적화된 도량형 체계에 비교한다면 10진법만으로 이루어진 도량형을 만들어내려는 것은 상당히 산뜻하면서도 야심찬 시도다. 일부에서는 10진법 이외의 방법을 사용한 도량형을 장보기용 도량형이라고 부르기도 했다.

그리고 큰 값과 작은 값을 표시하는 접두어를 모든 단위에 공통적으로 사용한다는 개념도 신선했다. 무게의 1,000배에도 킬로kilo를 붙이고, 거리의 1,000배에도 킬로를 붙여서 1,000그램을 1킬로그램, 1,000미터를 1킬로미터라고 부르는 식이다. 이런 방식은 길이, 넓이, 부피, 무게마다 크기에 따라 다른 이름을 갖고 있던 과거 도량형의 불합리성을 극단적으로 드러내면서 미터법의 장점을 뚜렷하게 보여주었다. 또한 이때 쓰이는 접두어를 유럽의 모든 나라가 공통으로 사용하는 라틴어와 그리스어에서 따옴으로서 특정한 국가와 관련이 없도록 만들어서 다른 나라에서 거부감이 들지 않도록 배려했다. 그러나 아무리 좋은 것이라도 기존의 것을 대치하고 습관을 바꾸려는 목적으로 만들어진 제도라면 쉽게 자리 잡기 어려운 법이다. 미터법도 마찬가지였다. 이런 점에서 미터법 제정에 참여한 사람들은 미터법에 정치적 색채가 입혀지지 않도록 매우 정치적인 접근을 한 셈이다.

힘만으로 밀어붙이기는 힘들다

막강한 힘을 갖고 있던 프랑스 혁명 정부는 미터법을 강력히 밀어붙였다. 심지어 시간과 달력까지 10진법으로 바꾸어버릴 정도였다. 재미있는 사실은 왕과 귀족으로 대표되던 과거의 체제를 뒤엎고 탄생한 혁명 정부가 미터법이 자리 잡도록 하기 위해서 의존한 상대가 혁명으로 인해 단두대에서 생을 마친 루이 16세였다는 점이다. 루이 16세가 파리를 탈출해서 체포되기 전날, 왕으로서 마지막으로 서명한 서류가 공교롭게도 미터법에 필수적인 자오선 측정 프로젝트에 관한 것이었다.

그러나 프랑스 혁명 정부와 진시황의 도량형 통일 노력의 초기 결과는 사뭇 달랐다. 진나라의 도량형이 성공적으로 자리 잡아 후대에까지 이어진 반면, 미터법은 프랑스에서조차 시행한 지 불과 17년 만에 사라지고 말았다. 이처럼 초기의 성과만 놓고 본다면 비교가 되지 않는다. 미터법의 장점과 혁명 정부의 강압적 정책도 국민들의 오래된 습관을 강제로 바꾸기는 어려웠던 것이다. 아니면 진시황이 국민들에게 보여준 폭력의 정도가 프랑스 혁명 정부를 압도했던 것이라고 봐야 할까?

25년 뒤, 프랑스에서는 다시 미터법을 도입하려는 노력이 재개되었고 미터법은 혁명이 일어나고도 50년 가까이 지난 1840년이 되어서야 프랑스에서 유일한 도량형법으로 지정된다. 처음엔 실패했던 프로젝트를 어떻게 해서 성공시킬 수 있었을까? 미터법이 자리 잡을 수 있게 된 원동력은 과학자들의 이성도, 정부의 권위도 아니라 미터법을 쓰지 않을 때마다 내야 했던 10프랑의 벌금이었다. 불의는 참아도 불이익은 못 참는 건 누구나 마찬가지여서, 사람은 추상적 위협보다 실질적 불이익에 민감한 것이다.

한 가지 놀라운 사실은 미터법이 프랑스를 벗어나 주변 국가로 퍼져 나간 것이 정치적 힘 때문이 아니라 미터법 자체가 가진 장점 때문이었다는 점이다. 유럽인들은 자기네를 마치 사촌 관계 같다고 표현할 정도로 서로 끊임없이 협력하고 싸워온 역사를 갖고 있어서인지, 상대방의 것이더라도 분명한 장점이 있는 것을 받아들이는 데는 인색하지 않았던 것인지도 모른다. 미터법이 배우고 사용하기 쉽다는 점은 어느 나라에서나 국민들을 설득하기에 좋았고, 지구라는 존재에 근거해서 만들어진 객관적 표준이란 점은 미터법이 프랑스 정부의 손아귀에 들어 있는 것은 아니라는 안도감을 각국 정부에 제공했다. 다른 나라들은 미터법이 프랑스에서 만들어진 것이긴 하지만 프랑스 정부의 소유물은 아니라고 생각할 수 있었다. 프랑스 혁명의 이상이 과연 실현되었는지는 의심의 여지가 있을지언정, 혁명의 시대에 만들어진 미터법은 도량형을 누구의 손에도 쥐여 주지 않음으로써 어느 정도는 혁명의 이상을 상당히 멋지게 실현한 것과 다름없었다.

올림픽 마케팅
||||||||||||||||||||||||||||

수영 자유형 100야드

100미터가 아니라 100야드다. 야드 단위에 익숙하지 않다면 100야드가 어느 정도의 거리인지 모를 수 있다. 과연 공식적으로 수영 100야드 경기라는 게 있기는 한 걸까? 답은 '미국에는 있다'이다. 현재까지의 최고 기록은 케일럽 드레슬이라는 선수가 2017년에 세운 40초 00이다. 올림픽이나 세계 수영 선수권 같은 국제 대회에서는 수영장 규격도, 경기 방식도 모두 미터를 기준으로 정해져 있지만, 미국에서는 지금도 길이가 25야드인 풀에서 50야드에서 1,650야드에 이르는 다양한 거리의 수영 경기가 정기적으로 개최된다. 미국의 수영 선수라면 자신이 100야드 자유형 최고 기록을 갖고 있거나, 1,650야드 배영 최고 기록을 갖고 있다면 굉장한 영광과 자랑으로 여길 것이다. 그러나 우리처럼 야드라는 단위에 익숙지 않은 대부분의 비미국인들은 대체 100야드가 어느 정도인지, 1,650야드는 또 얼마나 긴 거리인지 가늠조차 쉽지 않다. 하지만 미국 선수조차도 수영 선수라면 미국에서만 벌어지는 100야드나 1,650야드 종목의 최고 기록 보유자가 되는 것보다는 100m나 1,600m 종목의 최고 기록 보유자가 되거나 미터에 의해서 편성된 올림픽 종목의 메달리스트가 되는 일을 더 영광스러워 할 것이다.

미래에는 어떻게 될지 모를 일이지만, 지금까지 올림픽에서 가장 많은 메달을 딴 나라는 단연 미국이다. 게다가 올림픽에서 거둔 성적과 마찬가지로, 올림픽이라는 행사에서 미국의 영향력이 다른 나라만 못하지도 않았다. 그런데 올림픽의 다양한 종목에서는 미국에서 주로 쓰이는 야드, 피트, 파운드 같은 단위가 아니라 미터, 킬로그램과 같은 미터법 단위를 사용한다. 권투나 레슬링 같은 체급 경기의 체중은 킬로그램으로, 미국이 메달을 많이 따 가는 육상 종목의 거리와 높이, 사격이나 양궁 등의 종목별 거리도 모두 미터법에 근거해서 만들어진다. 적어도 올림픽에서 쓰이는 단위는 완벽히 미터법에 의해서 규정되어 있다.

그래서인지 올림픽이 개최될 때면 미국의 다양한 매체에서는 올림픽 경기가 미터법에 근거해서 치러지는 것에 대한 다양한 의견이 표출되는 것을 심심치 않게 볼 수 있다. 특히 미국이 강세를 보이는 육상, 수영과 같은 종목이 미터를 기준으로 경기가 치러지기 때문에 더욱 그런 경향이 있다. 미터법에 익숙한 사람들에게는 100m, 200m, 10,000m 달리기나 100m, 200m, 400m 수영 종목이 아주 자연스럽게 느껴지겠지만, 미터라는 단위를 올림픽 때나 들어보는 보통 미국인의 입장에서는 100m, 5,000m가 어느 정도의 거리일지 가늠하기 어렵다.

마치 우리가 100야드 달리기, 수영 1마일 자유형, 혹은 체급 경기에서 100파운드급, 200파운드급 경기라는 명칭을 들을 때 드는 기분과 별다르지 않을 것이다. 100야드 달리기가 단거리 경기인지 장거리 경기인지, 200파운드급 경기에는 어느 정도 덩치의 선수들이 나올지 짐작하기조차 어려울 수도 있다. 만약 축구 경기 기사에서 한국 팀이 30야드 거리에서 슛을 성공시켰다는 보도가 나온다면, 많은 사람들은 어느 정도 거리에서 공을 찼다는 것인지 금방 떠올리기 힘든 것과 마찬가지다. 그런데 이런 현상은 일반인들에게만 나타나는 것이 아니어서,

올림픽에 출전하는 미국 선수들조차도 자신의 종목과 관련된 단위 이외의 것에 대해서는 잘 알지 못한다고 한다. 2012년 런던 올림픽에서 유도 100kg급에 미국 대표로 출전한 카일 배쉬큘렛은 100kg이 자신에게 익숙한 파운드로 환산했을 때 220파운드 정도라는 사실은 알고 있었지만, 다른 나라 선수들과 이야기를 나누면서 누군가 자신의 키가 1m 70cm라고 하자 전혀 감을 잡을 수 없었다고 한다. 마찬가지로 한국 선수 중에서 자신의 키가 몇 피트 몇 인치인지 아는 사람이 얼마나 되겠는가?

또한 대부분의 미국 선수들은 섭씨로 표시되는 기온을 파악하는 데 어려움을 겪는다고 한다. 그만큼 미국인에게 올림픽은 낯선 환경에서 벌어지는 경기인 것이다. 우리가 멀리뛰기 경기에서 11야드 2피트 5인치의 세계 신기록이 세워졌다는 뉴스를 본다면 어떤 느낌이 들지 생각해보면 된다. 이 때문에 올림픽을 보도하는 미국의 언론은 미터법으로 나온 경기 결과를 독자들이 이해할 수 있는 인치와 파운드로 변환하느라 애를 먹을 때가 많다. 물론 단위의 변환 자체는 전혀 어려운 일이 아니지만, 1m가 어느 정도인지를 모르는 미국인 독자의 입장에서는 '우사인 볼트가 100m 달리기 경기에서 금메달을 땄다'라는 기사 제목만으로는 흥이 반감되는 것은 어쩔 수 없는 일이다.

어떤 면에서는 뛰어난 선수들조차(심지어 우사인 볼트도) 미터법의 수혜자일 수 있다. 볼트의 실력은 '세계에서 가장 빠른 사나이'라는 칭호를 받는 데 아무런 무리가 없지만, 사실 1m가 지금보다 짧거나 긴 길이로 정해졌다면 상황은 달라졌을 수도 있다. 만약 1m가 처음 정해질 때 어떤 이유에서건 지금보다 30% 짧은 70cm의 길이로 정의되었다고 해보자. 그렇다면 그렇게 정의된 1m를 기준으로 만들어진 100m 달리기 종목에서 선수들이 달려야 할 길이는 지금의 미터 기준으로는 70m가 된다. TV 중계를 통해서 익히 알 수 있듯이, 우사인 볼트는 스타트보다는 중후반, 70m 이후의 강력한 스퍼트가 빛나는 선수다. 50m에서 60m 정도까지의 거리에서는 다른 선수보다 오히려 느린 듯도 하지만 후반에 엄청난 속도로 달리며 경쟁자를 추월하면서 1등으로 결승선에 닿는 모습을 심심치 않게 보여주는 선수다. 그렇다면 70m밖에 달리지 않는 종목으로 '세계에서 가장 빠른 사나이'를 찾는 종목이 있었다면 그 영예는 볼트에게 가지 않았을 수도 있는 셈이다. 물론 그런 종목이 있다면 볼트가 지금과는 다른 방식으로 달렸을 수도 있겠지만 말이다.

올림픽을 기회로

물론 세계적으로 미터법이 일상적이지 않은 나라가 미국, 미얀마, 라이베리아 세 나라에 불과하다는 사실을 생각하면, 올림픽에서 미터법이 쓰이는 것이 지극히 당연한 일이라고 여겨질 수도 있다. 하지만 아테네에서 1회 올림픽이 열렸던 1896년의 상황으로 돌아가서 생각해보면 이것은 당연하다고만 할 일이 아니었다. 근대 올림픽은 프랑스인인 쿠베르탱의 주도적인 노력에 의해서 시작되었고, 1회 올림픽이 열리던 시기는 경쟁적으로 식민지 확장에 나서 있던 유럽과 미국 등 열강들 사이의 갈등이 폭발을 향해서 차곡차곡 쌓여가던 시절이었다. 이렇게 누적된 정치적 갈등은 불과 20여 년 후 제1차 세계대전으로 폭발한다.

이처럼 모든 분야에서 일어난 열강의 치열한 경쟁 분위기 덕분에 세계의 경제력, 과학기술, 군사력은 하루가 다르게 발전하고 있었다. 마침 1회 올림픽이 열리기 7년 전인 1889년, 국제 도량형 총회에서 미터원기와 킬로그램원기가 국제표준으로 승인된다. 당시는 유럽과 미국을 중심으로 정밀 기계 공업이 발전하던 시기였고 이에 따라 정밀 시계 산업이 대규모로 태동하던 시기였으므로 정확한 시계는 첨단 기술의 상징과도 같았다. 오늘날도 고해상도 영상을 자랑하는 TV 방송 기술이 올림픽이나 월드컵 같은 대형 스포츠 행사를 활용하는 것과 마찬가지다. 어쨌건, 당시는 최신 기술로 만들어진 시계를 국제 스포츠 행사에 적용하기에 아주 적절한 환경이었다. 주머니에 넣고 다닐 수 있는 크기의 시계가 개발된 것은 이미 수백 년 전이었지만, 시계가 스포츠 경기의 결과를 측정할 정도의 정확성을 확보하기 시작한 것은 이즈음부터이기도 했다.

근대 올림픽은 고대 그리스의 올림픽에서 힌트를 얻어서 만들어진 행사이지만, 경기의 종목이나 규정까지 고대 올림픽을 따라 한 것은 아니다. 그러므로 쿠베르탱이 자신의 조국인 프랑스에서 만들어진 미터법에 의거해서 경기 규칙을 정하고 미터법이 세계적으로 자리 잡도록 영향을 주려 했던 것은 지극히 자연스런 일이었다. 올림픽이 열리기 전부터 이미 대부분의 유럽 국가에서는 미터법을 도입하여 사용하고 있었으며, 미국도 적어도 법적으로는 미터법을 받아들인 상태였으므로 올림픽 경기를 미터법을 기준으로 치를 명분도 충분했다. 게다가 1회 올림픽은 지금처럼 세계인의 축제가 아니라 유럽의 유산에 뿌리를 둔 일부 유럽 국가들과 미국의 잔치였다는 점을 고려해야 한다. 쿠베르탱으로서는 올림픽을 미터법의 홍보와 확산에 적절히 활용한 것이다.

오늘날에는 올림픽을 다양한 마케팅의 기회로 활용하는 일이 당연하게 여겨진다. 보통 올림픽이 상업적 홍보의 장이 되기 시작한 것은 1984년의 LA 올림픽에서 기업이 후원을 하면서부터라고 여겨진다. 그 이전까지는 되도록 상업성을 배제한 형태로 올림픽이 치러졌고, 프로 선수들의 참가도 금지되어 있었다. 실제로 많은 사람들은 1984년의 LA 올림픽을 기업들의 마케팅 활동이 활개를 치기 시작한 대회로 기억한다. 하지만 미터법과 올림픽의 관계를 떠올려보면, 올림픽이 마케팅의 기회로 이용된 역사는 첫 대회인 1회 올림픽부터라고 해도 무리가 아니다. 어차피 대형 행사는 개최하는 데 큰 비용이 들게 마련이고, 비용을 대는 쪽에서는 무엇인가 기대하는 효과가 있을 수밖에 없다.

시작부터 기존의 단위계와 경쟁을 해서 이겨야만 살아남을 수 있었던 미터법은, 진시황처럼 강력한 제재가 가해지는 법과 권력의 힘을 등에 업는 방법이 아니라, 올림픽을 홍보의 장으로 삼아 자신의 위치를 견고하게 만드는 기회로 적절하게 활용한 셈이었다.

미터법의 짧은 역사

경쟁과 적자생존이라는 생태계의 이치는 단위계들에도 예외가 아니어서, 지금까지 어떤 형태로든 남아 있는 모든 단위계는 엄청난 경쟁을 견뎌내고 살아남은 것들이다. 최후의 승자는 모두가 알고 있듯이 국제단위계다. 그런데 국제단위계는 사실상 미터법을 정교하게 확장한 것이므로 단위의 세상은 미터법이 평정했다고 표현해도 무리는 아니다. 그렇다면 미터법에 밀려 주역에서 밀려난 다른 단위계는 모두 과거의 존재가 되어버렸을까? 꼭 그렇지는 않다.

끈질긴 생명력, 평

생활의 공간으로서 누구에게나 집이 필요하다. 집은 대부분의 사람들에게 가장 중요한 자산이기도 하다. 이처럼 중요한 대상인 집의 특성을 표현하는 가장 핵심적인 도구는 넓이다. 주거 '공간'을 표현하는 물리량이 부피가 아니라 넓이인 까닭은 인간이 땅에 붙어서 움직이며 살아가는 존재이기 때문일 것이다. 어쨌든 부동산 거래에서 건물이나 토지의 넓이를 표현하고 전달하는 방법은 굉장히 중요하다. 부동산의 넓이를 표현하는 방법으로 우리나라에서 가장 친숙한 것은 누가 뭐래도 평坪이다.

평은 한반도가 일본의 식민지였던 시절, 일본이 전국의 토지를 평 단위로 측량하면서 사용되기 시작했다. 태생에서 알 수 있듯, 평은 일본에서 사용되며 이후에 한국에 전해진 단위다. 1평은 한 변의 길이가 6척(약 1.8m)인 정사각형의 넓이다. 키가 180cm인 사람이 누워서 양팔을 벌렸을 때 만들어지는 정사각형을 생각하면 된다. 6척 장신이라는 표현에서도 알 수 있이 과거 동양인에게 180cm는 매우 큰 키였으므로, 대부분의 사람에게 1평은 한 사람이 누울 수 있는 충분한 넓이를 의미한다. 한 명이 거주할 수 있는 최소의 면적이라고도 해석할 수 있다. 그러므로 주택의 넓이를 표현하기에 평은 매우 직관적이면서 동시에 합리적인 단위였다.

▲ 1평은 한 사람이 편하게 누워서 잘 수 있는 넓이

오늘날에는 법률에 따라 부동산의 넓이를 표현할 때도 미터법을 쓰도록 되어 있지만, 현실에서는 제곱미터㎡보다는 평坪이 먼저 떠오르는 사람들이 아직도 많을 것이다. 대부분의 사람들에게는 주택이 재산의 가장 큰 부분을 차지하다 보니, 자기 집의 가치를 평으로 가늠해왔던 습관을 버리기는 여간 어려운 일이 아닐 것이다. 평이 법률적으로는 폐기되었음에도 사회적으로 살아남아 있는 이유는 어쩌면 평의 개념이 적어도 주택이라는 용도에 잘 들어맞기 때문인지도 모른다. 익숙한 데다가 쓰는 데 문제가 없다면 바로 내다버리기는 힘들다. 사실 정부는 평이 면적의 단위로 더는 사용되지 않도록 오랜 기간에 걸쳐서 노력하고 있지만 아무리 정책이 논리적으로 타당해도 다수의 사람들이 오랫동안 익숙해진 감각을 바꾸는 것이 쉽지 않은 일이라는 건 역사적으로도 여러 차례 확인된 일이다. 합리적, 논리적 장점이 관습이나 감성을 이기려면 그 장점이 압도적으로 우월하거나, 관습을 유지하려고 할 때 맞닥뜨리는 불이익이 커야 한다.

이처럼 현실과 법령 사이의 괴리가 엄연히 존재하기 때문에, 부동산 업계로서도 무언가 해결책을 찾아야 한다. 어느 날 갑자기 소비자들이 그동안 익숙하게 사용하던 평이라는 단위 대신 제곱미터만을 이용해서 아파트 광고를 한다면 충분한 효과를 기대하기 어렵다. 32평짜리 아파트를 사러 온 고객에게 '전용면적 85제곱미터'짜리 아파트 이야기만 해서는 매끄럽게 거래를 성사시키기가 어렵다. '이 방의 넓이가 얼마인가요?'라는 질문에 '10제곱미터'라는 답을 내놓는다면 결코 훌륭한 영업 방법이라고 보기는 어렵다. 고객 중 어느 정도나 방의 크기를 짐작할 수 있겠는가.

경쟁과 적자생존이라는 원칙은 인간으로 하여금 어떤 상황에서라도 대응책을 찾아내도록 만든다. 사람들은 제도의 허점을 파고들어 '평'이라는 용어는 쓰지 않으면서도 쉽게 인지할 수 있는 방법을 강구해냈다. 그 결과 어디에도 평이라는 표현은 없지만 누가 보아도 평을 의미한다는 것을 쉽게 알 수 있는 32'형', 48'PY' 같은 신조어가 등장했다. 이런 방법은 너무나도 직설적이고 속이 뻔히 보이긴 하지만 법규를 피해가면서 원하는 정보를 전달하는 데는 아주 효과적이다. 사실 '형'과 'PY'의 의미가 무엇인지에 대해서는 설명이 필요 없다. 심지어 세금으로 운영되는 공영 방송사에서조차 1평이 대략 3.3제곱미터라는 사실에 의

거해서 '지난 달 OO지역의 아파트 매매 평균 가격이 3.3제곱미터당 ×××만 원을 돌파했다'라는 식의 보도를 내보내기도 한다. 법을 위반하진 않았지만, 방송사조차 법의 의도를 철저히 무시하는 것이다. 그만큼 관습을 바꾸기는 어렵다.

평이라는 단위가 끈질기게 사용되고 있는 모습에서, 인간의 창의력을 자극하는 것은 다그침도, 협박도, 준법정신도 아니고 눈앞에 보이는 이익이라는 사실을 확인할 수 있다. 진나라가 엄청나게 가혹한 형벌을 동반해서야 도량형의 통일을 이룰 수 있었던 것은 그것이 2천 년 전이어서가 아니고, 습관을 이성만으로는 극복하기 힘들다는 점을 무의식적으로 이해하고 있었기 때문인지도 모를 일이다. 물론 진나라가 사용했던 방법은 법을 지키지 않았을 때의 불이익을 아주 크게 만드는 지나치게 과격한 방법이었지만 말이다.

자연표준 찾기 경쟁

과학적 시각에서 보자면 미터법과 야드파운드법의 근본적 차이는 기준을 어디에 두느냐 하는 것이다. 미터법을 처음 만들 때, 길이의 기준을 지구의 크기에, 무게의 기준을 일정 부피의 물에 두어, 기준이 인공적 물체가 아니라 자연에 존재하는 것이 되도록 했다. 반면 이때 쓰이고 있던 야드파운드법은(보통 제국 단위계Imperial Units라고 불린다) 길이는 길이 원기를, 무게는 보리 낱알 1개를 기준으로 하고 있었다. 길이 원기는 인공물이고, 보리 낱알의 무게는 엄격하게 정의된 무게라고 보기 어렵다. 그리고 이런 식으로 인공물을 기준으로 도량형을 정의하면 도량형 자체가 국가가 관리하고 소유하는 대상이 된다.

이렇듯 미터법이 주창한 기본 개념은 도량형의 기준을 '자연'에 두자는 것이다. 인공적으로 만든 표준에 근거하지 않고 자연에 존재하는 불변의 기준을 찾아서 이를 근거로 도량형을 만들자는 아이디어에 따르면 도량형의 기준을 특정 국가나 기관이 소유하지 않게 된다. 당연히 과학자들은 국적에 관계없이 이 개념을 좋아했고 이후 영국과 프랑스의 과학자들은 인공물을 대체할 수 있는 표준을 경쟁적으로 찾기 시작했다.

이때 길이의 기준이 될 자연표준의 후보로 제안된 것 중 대표적인 것이 두 가지다. 첫째는 주기가 1초인 초진자秒振子를 기준으로 길이 표준을 정하는 방법이고, 두 번째는 지구 자오선의 길이를 기준으로 하는 것이었다. 사실 이 두 가지 방법은 모두 지구라는 천체의 특성을 기준

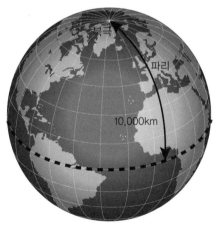

▲ 최초에 1미터는 파리를 지나는 자오선의 1/40,000,000로 정의되었다.

으로 한다는 점에서는 근본적으로 마찬가지다. 역사적으로 사이가 좋지 않은 두 나라가 한 가지 안에 합의하기는 어려웠던 것이었을까. 이후의 복잡한 과정을 거쳐서 영국에서는 초진자를, 프랑스에서는 자오선을 기준으로 선택한다.

그러나 초진자를 기준으로 삼으려면 충분한 정밀도로 진자의 길이를 측정해야 하는데, 이것이 현실적으로 어렵다는 사실이 밝혀지고, 자연스럽게 미터법이 더 정밀도가 높은 기준으로 인정받게 되었다. 이후 야드파운드법은 독자의 기준을 찾는 것을 포기하고 미터법을 기준으로 정의되는 신세가 되고 만다. 표면적으로는 그저 우수한 자연표준을 찾는 경쟁이었지만, 실제로는 과학자들을 내세워 국가 간의 경쟁을 한 것과 마찬가지였다.

승자는 미터법

미터법과 야드파운드법의 경쟁은 각각의 체계가 갖는 과학적 타당성, 실용성 등의 측면에서 볼 수도 있지만 다른 시각에서 바라볼 수도 있다. 야드파운드법은 영국의 작품이고, 미터법은 프랑스 출신이다. 오늘날 영국의 EU 탈퇴 모습에서도 볼 수 있듯이 영국과 프랑스, 혹은 영국과 유럽 대륙은 전통적으로 치열한 대립과 경쟁의 역사를 갖고 있다. 영국은 유럽 대륙의 어떤 나라와도 사이가 좋았던 적이 드물지만, 특히 프랑스와는 역사적으로 거의 항상 대립했다. 그래서인지 법률을 비롯한 많은 분야에서 각각 다른 특징을 갖고 있고, 성향이 대조적인 경우가 많다. 이런 배경에서 보면 유럽 각국이 치열하게 경쟁하던 19

세기에 영국이 프랑스에서 만들어진 단위계를 받아들여 자신들이 쓰고 있던 단위계를 대체하기로 결정한다는 것은 상상하기조차 어려운 일이었을 것이다.

그런데 프랑스에서 시작된 미터법은 어떻게 해서 영국의 야드파운드법을 이기고 세계의 표준이 되었을까? 심지어 영국에서조차 미터법을 어느 정도는 받아들였다. 사회에서는 단위계 이외에도 수많은 표준이 사용된다. 표준이 자리를 잡는 과정을 한 가지 요인만으로 설명하기는 굉장히 어렵다. 어떤 때는 기술적 우위가, 또 어떤 때는 경제적 요인이 이유가 되기도 하고, 또 어떤 때는 그저 먼저 널리 사용되었다는 이유로 특정 표준이 자리 잡기도 한다. 오늘날에도 TV를 비롯한 방송이나 통신, 인터넷 등은 한 가지 기술이 일단 자리를 잡으면, 경쟁하던 나머지 방식은 설령 기술적으로 우위에 있다고 해도 도태되는 일이 비일비재하다. 또한 표준의 자리를 차지하려는 경쟁은 많은 경우에 승자 독식의 싸움이다.

미터법은 점점 세를 확장해가면서 20세기 초반에 이르면 유럽 대륙을 거쳐 아시아에서도 유일한 표준 단위 체계로 자리 잡는다. 우리나라와 일본, 중국을 포함한 아시아 국가들도 20세기 중반 무렵에 미터법을 제도적으로 정착시킬 정도였다. 독일, 이탈리아, 러시아, 중국의 미터법 채용은 19세기 말에서 20세기 후반에 이루어졌는데, 이들 나라는 통일이나 혁명으로 인해 국가 체제가 뒤바뀐 후 미터법을 도입했다는 공통점이 있다. 보통 이처럼 격변을 겪은 뒤에 세워진 정부는 통제력이 강한 경향을 띠기 쉬운 것과도 연결해서 생각할 수 있을 것이다. 2천 년 전 진나라가 춘추전국시대를 마감하고 통일국가를 세운 뒤에 도량형을 통일한 것과 같은 맥락인 셈이다. 새로운 시대의 시작을 알리는 방법으로서 새 도량형 도입이 보여주는 상징성과 실효성은 2천 년 전이나 다를 바가 없었다.

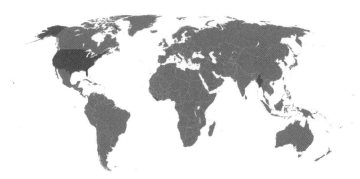

▲ 짙은 회색으로 칠해진 나라 이외에는 모두 미터법을 표준으로 사용한다.

감정 vs 실리

역사적 앙숙인 프랑스가 만든 미터법을 선뜻 받아들이기 싫어했던 영국을 비롯해, 영국의 영향권에 있던 호주, 뉴질랜드, 캐나다와 같은 영연방 국가들도 1970년대에 이르자 모두 미터법을 도입한다. 이 나라들이 미터법을 도입한 것은 미터법이 그때까지 자신들이 쓰던 야드파운드법보다 더 논리적이고 합리적이며 편리하고 효율적이어서가 아니라, 자신들이 주로 교류하는 다른 나라들이 대부분 미터법을 쓰는 까닭에 교역하는 데 불편이 커졌기 때문이었다.

국가 간의 거래에서도 서로 같은 단위를 쓰는 것이 경제적으로 훨씬 이득이란 점은 자명하다. 그래서 영국에서도 이미 19세기 중반부터 미터법만을 사용할 것을 주장했던 과학자들이 있었다. 과학자들은 아무래도 관료들보다는 감정에 따르기보다 실질적 장점에 더 민감하게 반응하게 마련이다. 자신의 이름을 딴 단위가 만들어질 만큼 과학자로서 명성이 드높았던 맥스웰이나 켈빈 같은 사람들도 미터법 사용을 주장하는 쪽에 서 있었다. 하지만 영국 정부의 입장에서는 이들의 주장에 흔쾌히 따를 수가 없었다. 과학자는 이성과 합리를 우선시할 수 있지만, 어느 나라도 국민 대부분은 과학자가 아니며, 정부의 선택이 반드시 합리성에 기반하지는 않는다. 직업 정신이 앞섰던 과학자들은 이성을 따랐지만 국민은 감성을 선호하기 쉬웠다. 오늘날도 마찬가지겠지만, 선거를 의식할 수밖에 없던 영국 정부는 꼭 해야 할 일이 아니면 움직이지 않으려 했다.

거대한 외톨이, 미국

미국에서 자동차의 속도는 한 시간에 몇 킬로미터를 가는가를 표시하지 않고 한 시간에 몇 마일을 가느냐를 의미하는 mph(mile per hour, 시간당 마일)로 표시한다. 당연히 도로 표지판에 쓰여 있는 제한 속도나 목적지까지의 거리도 마일로 되어 있다. 속도뿐 아니라 무게를 잴 때도 파운드와 온스 등의 단위를 사용하고, 부피를 잴 때는 갤런을 쓰며, 길이는 피트나 야드, 인치와 같은 단위를 사용한다. 우리나라를 비롯한 전 세계에서 쓰이는 미터, 킬로그램, 리터와 같은 미터법 단위는 미국에서는 적어도 일반인에게는 꽤나 낯선 존재다.

하지만 어떤 단위계를 사용하는가 하는 문제에 옳고 그름이 있는 것은 아니다. 한편으론 미국이 미터법을 받아들이지 않으려 하는 국가라는 인식이 세계적으로 널리 퍼져 있기도 하지만, 현실을 바라보면 미국은 미터법에 의존하지 않고도 지속적인 과학기술의 발전을 이루어 최고 수준의 경쟁력을 유지하는 국가이기도 하다. 경제와 과학기술 분야의 성공이 특정 단위계의 선택 여부와 관련이 없다는 사례로 제시될 만한 일이다. 그러나 이런 미국에서도 미터법은 나름의 입지를 굳혀가고 있다.

영국과 프랑스 사이에서

미국이 독립한 1776년에서 불과 13년이 지난 1789년, 프랑스는 혁명이 일어나 왕정이 폐지되고 공화국이 되었다. 이념은 혈연이나 지연보다 훨씬 강력한 유대감을 선사하는 도구이므로, 사실상 전 세계에 단둘뿐인 공화국이었던 미국과 프랑스 사이에는 왕정을 유지하고 있던 유럽의 다른 나라들과는 비교할 수 없을 정도의 정신적 유대감이 자연스럽게 만들어졌다.

비록 혁명 이후 프랑스가 공화국의 형태를 유지한 기간은 얼마 되지 않았지만, 이런 배경 때문에 프랑스 공화국 정부는 미국에 여러 가지 형태로 정신적 친밀감을 표현했고, 미터법도 그 방법 중 하나로 사용되었다. 프랑스는 1794년 미국에 미터 표준기와 무게 표준기를 보내주며 미국도 미터법을 사용하도록 유도하려 했다. 영국으로부터 독립한 지 얼마 되지 않은 시기였던 미국은 새 국가를 건설하는 데 도움이 되는 방법을 다양하게 찾고 있었고, 그 방법이 영국의 그림자를 지울 수 있는 것이라면 더욱 바람직하다고 받아들이는 분위기였다. 그런 면에서 기존의 영국식 도량형을 대체하는 새로운 도량형을 도입하는 것은 굉장히 매력적인 일이 분명했다.

그런데 넓이가 남한의 100배에 가까운 미국이라는 나라의 크기를 생각해보면, 당시 미국 전역에서 단 한 가지의 도량형만이 쓰이는 것은 오히려 이상한 일이다. 실제로 독립 이전의 미국에서는 지역마다 도량형이 제각각이었다. 사실 미국도 도량형 통일 작업에 손을 놓고 있던 것은 아니었다. 독립하고 얼마 지나지 않은 1790년, 국무장관 토머스 제퍼슨(후일 대통령이 되었다)이 도량형 통일 작업을 맡았었지만 별다른 성과가 없었다. 미국인들은 새 도량형이 없어도 충분히 잘 지낼 수 있었고, 사람들은 반드시 해야 할 이유가 있지 않은 이상 변화를 거부하게 마련이다. 제퍼슨은 나중에 대통령이 되자 국무장관 애덤스(역시 후일 대통령이 되었다)에게 미국의 도량형을 전반적으로 검토할 것을 지시한다. 그 결과 미터법이 확실히 우월한 도량형이라고 결론이 났지만, 미국은 진나라가 아닌지라 국민들에게 하루아침에 관습을 바꾸라는 지시 같은 것을 할 수는 없었고, 그걸 반길 국민도 있을 리가 없었다. 미국 대통령은 국민에 대해 진시황과 같은 힘을 갖고 있지 않았던 것이다. 제퍼슨은 이런 상황에 대해 "머지않아 도량형 문제에 대해서 국민들로 하여금 법이라는 틀에 맞추도록 요구할 것인지, 아니면 법을 국민의 생활에 맞출 것인지 선택해야 할 것이다"라고 말하기도 했다. 결국 미국은 영국식 단위계Imperial Units에 바탕을 둔 미국식 단위계 US Customary Units와, 미터법이라는 프랑스(혹은 세계)의 제안 사이에서 오랫동안 어정쩡한 입장을 취한다.

사용해도 됩니다

1866년 미국 의회는 미터법을 합법화했다. 술을 판매하는 것이 합법이라고 해서 모두가 술을 마셔야 되는 것이 아닌 것처럼, '합법'은 '의무'를 의미하지 않는다. 미국의 미터법이 딱 그랬다. 누구나 쓰고 싶으면 써도 된다는 의미였다. 넓은 국토와 충분히 많은 인구에 기반하여 거대한 경제 규모를 이룬 나라인 미국은 다른 어느 나라보다도 자유 경쟁의 효과가 나타나기에 적합한 환경이고, 실제로 경쟁을 북돋는 문화와 제도를 발전시켰다. 그래서 미국 정부는 전통적으로 국민들 사이에서 다양한 경제적 이해가 걸린 문제에 대해서는 어지간하면 한 가지 표준을 강제하지 않는 정책을 선호했다. 이런 경향은 도량형에 대해서도 마찬가지여서, 미터법을 합법화한 것은 제도적으로 미터법과 야드파운드법을 모두 사용할 수 있는 환경을 만들어놓고 경쟁을 통해서 시장에서 한쪽이 선택되도록 하려는 것이었다. 그러나 한쪽이 굳건하게 자리를 잡은 상황에서 새로운 것을 내밀며 '쓰고 싶으면 써봐라'라는 식으로 제안해봐야 새로운 주자가 자리를 잡기는 어렵게 마련이다. 애초부터 미터법이 미국에 파고들기는 어려웠던 셈이고, 그 여파는 지금까지도 확연히 남아 있다.

사실 미국에서 미터법이 광범위하게 쓰이지 않는 이유는 단지 '미터법으로 안 바꿔도 불편하지 않기 때문'이다. 그러나 실질적으로는 미터법이 이미 소리 없이 미국인의 삶에 자리 잡은 면도 많다. 대부분의 미국인들이 일상생활에서는 여전히 인치, 갤런, 파운드 같은 단위를 주로 사용하지만, 과학계나 의료계, 산업계에서는 미터법이 오래전부터 굳게 자리 잡고 있다. 그리고 시간, 전기 등과 관련된 분야에서는 야드파운드법에 규정된 단위가 없어, 사실상 미터법에 근거한 국제단위계가 사용되고 있다.

　미국인의 일상에서도 조금씩 미터법이 쓰이고 있는 모습을 보려면 미국의 식료품 포장을 보면 된다. 여기에는 두 가지 단위계에 근거한 내용이 함께 표시되어 있다. 또한 전 세계를 상대로 치열하게 경쟁하면서 사업을 하는 자동차 회사들도 미국에서만 통용되는 기준으로 자동차를 만들 수는 없으므로 오래전부터 미터법을 사용하여 차량을 개발하고 제조했다. 반면 항공기 제조 업계는 미국이 세계 시장에서 압도적인 경쟁력을 갖고 있으므로, 항공기를 구입하려는 나라들은 미국산 항공기가 미터법을 이용해서 만들어지지 않았다는 이유로 이를 기피하지는 않는다. 때문에 보잉과 같은 항공기 제조 기업은 여전히 미국식 단위계를 써서 항공기를 만들기도 한다. 결국 어떤 단위계를 쓰느냐 하는 문제는 개인과 기업 모두 경제적 이해득실에 따라 결정이 이루어진다. 이미 200년 전에 10프랑의 벌금 때문에 프랑스인들이 미터법을 사용했듯이 말이다.

▲ 잘 살펴보면 미국에서도 미터법 표기가 쓰인다.
미터법과 미국식 단위계를 사용해서 용량이 표시된 사례.

영국의 딜레마

2017년 3월, 영국이 유럽 연합에 공식적으로 탈퇴 요청을 했다. 영국은 유럽이기도 하고 아니기도 하다. 의도적이라고 보기는 어렵지만, 많은 분야에서 영국은 유럽 대륙과는 다른 노선을 선택했다. 영국인들에게 는 "올 여름 휴가를 유럽으로 갈까?"라는 표현이 있을 정도로 유럽 대륙 사람들과 자신들을 분리해서 바라보는 시각이 존재한다. 이렇게 영국은 완전한 유럽의 일부가 아니다. 그렇다고 영국이 유럽에서 아주 제외된 곳이라고 생각하는 사람도 없지만, 영국과 유럽 사이에는 감정적으로 뚜렷한 거리가 있다. 일본에서도 '아시아'라고 하면 일본을 제외한 아시아를 의미할 때가 종종 있는 것을 보면, 이는 어쩌면 대륙에서 떨어진 섬나라의 특성인지도 모른다. 이처럼 유럽이면서 유럽이 아닌 영국의 특성이 단위계에서도 드러난다.

영국식 미터법

유럽연합EU은 유럽의 여러 나라들이 하나의 경제 공동체를 이루어서 모두가 이익을 얻고자 설립된 유럽경제공동체EEC가 발전하여 만들어졌다. 경제 공동체라면 당연히 도량형의 통일이 우선되어야 한다. 그런데 영국이 유럽경제공동체에 가입하면서부터 영국에서 쓰이는 야드파운드법Imperial Units이 문제가 되었다. 영국이 자신들의 단위계를 버리고 미터법을 전면적으로 받아들이면 간단하게 해결될 일이긴 하지만, 이 일이 쉬울 리가 없었다.

영국 정부는 오랜 세월에 걸쳐서 단위계를 미터법으로 바꾸는 정책을 추진했고 몇몇 예외를 제외한 전 분야에서 미터법을 사용하기에 이르렀다. 2000년 1월 1일 이후 영국에서는 야드, 파운드, 인치, 온스와 같은 과거의 영국식 단위계를 쓸 수 있는 분야가 일상생활과 관련된 몇 가지로 국한되었다. 도로 표지판, 생맥주 판매, 토지 거래(에이커acre를 사용하는데, 우리나라의 평과 비슷한 경우다), 귀금속의 무게 표시(우리나라의 금 거래에서 '돈'을 사용하듯) 정도에서 그렇다. 결국 전통적인 야드파운드법은 '생활 단위계'로 국한되어 쓰이게 된 셈이다.

그러나 법률이 아무리 강제해도 당사자가 느끼는 불이익이 감수하기 어려운 정도가 아니라면 사회적 습관은 쉽사리 변하지 않는다. 예를 들어 잼처럼 포장 판매되는 식료품은 미터법에 따라 그램 단위로 무게를 표시해야 하는데, 포장은 그대로이면서 과거의 단위를 단순히 미터법으로 바꾸는 식으로 유지되는 경우가 많다. 예를 들어 1파운드 단위로 팔던 용기에 454g(1파운드)이라고 용량 표시를 해놓는 식이다. 우리나라에서 부동산 가격을 3.3제곱미터(1평)당 가격으로 표시하고 금 가격을 3.75g(1돈) 가격으로 표시하는 것과 다를 바 없다. 사람들이 새로운 규정을 피해 가는 방식은 어디서나 비슷하다. 적어도 일상생활만 놓고 본다면 영국인에게 미터법의 도입은 새로운 도량형으로의 변경이 아니라 기존에 사용하던 도량형에 새로운 도량형이 추가된 것이나 마찬가지다.

이런 불합리의 또 다른 사례도 있다. 행정이 완벽하기 어려운 점은 영국이라고 해서 예외가 아니어서, 도로의 거리나 제한 속도 표시는 여전히 과거와 마찬가지로 마일로 되어 있는 곳이 많지만 정작 주유소에서는 미터법을 따라 리터 단위로 연료를 판매한다. 그렇다면 영국 사람들이 자신의 자동차의 연비를 표시할 때 어떤 단위를 써야 할까? 당연히 '마일/리터'여야 할 것으로 생각되지만, 현실은 사람들의 허를 찌른다. 영국에서 연비를 표시하는 단위는 보통 '마일/갤런'이다. 거리는 마일로 표시되고, 휘발유 가격은 리터당 가격으로 표시되는데 연비는 1갤런으로 갈 수 있는 거리를 마일로 표시한 것이라니? 오늘날 영국에서 살아가려면 사회적으로 사용되는 단위가 통일될 때까지 상당한 수준의 순간 계산 능력이 필요할 것 같다. 세상은 생각만큼 합리적이지 않다.

비행기와 단위

항공기는 엄청나게 복잡한 물건이다. 또한 안전을 위한 조치도 충분해야 하기 때문에 정비도 매우 세심하게 이루어진다. 특히 많은 승객이 탑승하는 여객기의 경우라면 말할 것도 없다. 이처럼 정교하고 복잡하고 값비싼 물건인 항공기의 설계에 두 가지 단위계가 사용된다는 것은 상상하기 힘들다. 그러나 실제로 그런 경우가 있다.

제2차 세계대전 때, 영국의 항공기 제조사들은 당연히 영국식 야드파운드법 단위계를 써서 전투기를 개발하고 생산했다. 동맹국인 미국이 영국의 단위계와 거의 유사한(정말로 '거의' 같다) 미국식 단위계를 썼기 때문에 편리한 점이 많았다. 두 단위계는 인치, 피트, 야드, 파운드 등 많은 단위의 명칭이 똑같다. 그러나 각각의 단위가 가리키는 물리량도 모두 똑같지는 않다. 미국에서는 연료의 양을 미국 갤런US gallon으로 표시했고, 온도를 표시할 때 미국은 화씨℉, 영국은 섭씨℃를 썼기 때문에 엄밀히 보자면 두 나라의 비행기는 다른 단위계를 써서 설계되고 있었다. 정확하게 이야기하자면 이름은 비슷해도 미국은 미국만의, 영국은 영국만의 단위계를 쓰고 있던 셈이었다. 당연히 양국의 엔지니어들은 자신들의 단위에 익숙했다.

제2차 세계대전이 끝나고 평화가 찾아오자 영국은 유럽과 경제적으로 손잡을 일이 많아졌다. 1960년대, 미국이 독점하던 여객기 시장에 진출하기 위해 각각 새로운 여객기 개발에 나섰던 영국과 프랑스는 막대한 개발 비용을 독자적으로 감당하기 어렵다고 판단하고 공동 개발에 나서기로 한다. 이렇게 해서 탄생한 여객기가 1976년에 취항한 세계 최초의 초음속 여객기 콩코드다. 그러나 콩코드는 개발 비용이 너무 많이 소요된 데다가 영국식 단위계와 미터법이 섞여 설계되는 문제점을 안고 있었다. 오늘날에도 그렇지만, 실제로 제품을 개발하는 부서의 엔지니어들은 자신이 사용하지 않던 단위계를 이용해서 업무를 수행하는 것을 힘들어 한다. 어제까지 섭씨온도로 표현하던 기온을 오늘부터 갑자기 화씨온도로 사용하기는 힘들다. 엔지니어들의 단위계 사용 습관도 보통 사람과 마찬가지다. 익숙한 감각을 새로운 척도로 바꿔서 인식하는 것은 누구에게나 쉽지 않다.

항공기, 그것도 최초로 개발되는 초음속 여객기의 설계에 두 가지 단위계가 함께 쓰였으니 개발 과정이 순탄할 리가 없었고, 당연히 유지 보수도 쉽지 않았다. 영국에서 개발한 부분은 영국의 제국 단위계를, 프랑스에서 개발한 부분은 미터법을 이용해서 설계되었으니 일이 매끄럽게 진행될 리가 만무하다. 비행기를 유지 보수하는 데는 전용 장비와 공구가 많이 사용되는데, 항상 두 가지 모두를 준비해두고 이를 혼동하지 않고 사용하는 것은 생각처럼 단순하지 않다. 결국 콩코드는 비싼 가격, 부족한 좌석, 높은 운용비용 때문에 상업적으로 전혀 성공하지 못했다. 이때의 경험 때문인지 유럽에서 개발되는 항공기들은 이제 미터법만을 이용해서 만들어진다. 대표적으로 유럽 여러 나라의 기업이 참여하는 에어버스사의 항공기들이 그렇다.

반면에 미국에서는 영국과 프랑스가 콩코드를 개발하면서 겪은 비효율에서 교훈을 얻지 못했던 듯하다. 보잉사가 개발한 여객기 보잉 787 드림 라이너는 일본, 프랑스, 영국, 한국 등 여러 나라가 개발과 생산에 참여한 기종이다. 이 항공기의 개발은 수차례 지연되어 보잉사가 제시한 계획보다 3년이나 늦게 인도되었다. 대규모 프로젝트는 분야를 막론하고 초기 일정보다 늦어지는 일이 빈번하지만, 대부분의 지연 사유는 기술적인 것보다는 정치적, 사업적 환경의 변화 때문인 경우가 많다. 그러나 드림 라이너의 경우 공식적으로 출시 지연의 첫째 원인으로 발표된 것이 어이없게도 부품을 결합하는 나사가 확보되지 않았다는 것이었다. 여객기 시장에서 막강한 경쟁력을 갖고 있던 보잉은 당연히 미국 단위계를 사용했는데, 인치 규격으로 만들어지는 부품 가공에 낯설었던 해외 협력 업체들, 특히 미터법에 익숙한 한국과 일본 업체들이 항공기에 필요한 정밀한 설계와 가공에 어려움을 겪었던 것도 큰 이유였다. 단지 단위 때문에 엄청난 프로젝트가 지연되는 일이 벌어졌던 것이다.

보이지도,
잡히지도 않는
시간

Nm

+

°F   μm

Bq   □

℃   minute   □

m   °F   +   ct   ppm

$ mph   +   +   mm   kg □

km/h   mL   +   Sv

+

시간은 무게, 길이, 넓이와 같이 도량형이 다루는 대상은 아니지만 이들 못지않게, 어쩌면 더 중요한 물리량이다. 도량형 없이는 생존이 가능하지만, 시간이라는 개념 없이는 생존이 불가능하다. 시간이라는 요소에서 자유로운 인간은 아무도 없다. 누구나 시간이 흘러간다고 느끼며, 남보다 시간을 더 확보하고 싶어 하지만, 적어도 지금까지는 그런 방법은 어디에도 존재하지 않는다. 사실 시간은 정체가 불확실하고 모호한 존재다. 누구나 시간이 무엇인지 본능적으로 알고 있다고 생각하지만 사실 시간이 정확히 무엇인지는 아무도 모른다. 관념적인 관점에서만 아니라 과학적으로도 그렇다.

사람은 시간의 흐름을 어떻게 해서 느끼는 것일까? 시간이 본질이 무엇인지 불분명하다고 해도, 인간은 엄연히 시간의 흐름 속에서 살아가고 시간의 흐름을 느낀다. 그러나 사람이 시간을 어떻게 해서 인지하는지는 분명하지 않다. 누구나 시간의 흐름을 느끼지만 인체에서 시간을 감지하는 기관이 정확히 어디인지도 아직 밝혀지지 않았다. 시간은 눈이나 코, 귀처럼 특정 물리량을 감지할 수 있는 독립된 감각기관에 의해서 느껴지는 것도 아니고, 우리가 알고 있는 감각기관들이 감지한 여러 감각들을 모아서 파악되는 것도 아니다. 누구나 해가 뜨고 지는 것을 보고 시간이 흐른다는 사실을 알 수 있고, 봄에 꽃이 피고, 가을에 단풍이 들고 겨울에 눈이 오는 것을 보면서 계절의 흐름을 파악하긴 하지만 이는 시간의 흐름을 감각기관을 통해서 느낀 게 아니라 시각과 학습의 결과를 결합하여 파악하는 것일 뿐이다. 그러나 인간은 시간을 사용하기 편리한 형태로 규정했고, 그러려면 시간을 적절하게 셀 방법, 즉 단위가 필요했다.

시간을 측정한다?

시간에 대한 관점은 크게 두 가지다. 하나는 뉴턴처럼 시간을 절대적인 존재로 바라보는 쪽이다. 뉴턴은 "시간은 외부의 어떤 것과도 상관없이 흐른다"라고 말했는데, 이는 시간이 사물의 존재나 변화와는 무관한 독립적 존재라는 시각을 드러낸다. 뉴턴의 반대쪽에는 시간이 관념일 뿐이라고 주장하는 시각이 있다. 칸트와 라이프니츠가 주장한 이 개념에 따르면 시간은 인간이 행동하고 사건이 일어나는데 필요한 지적 요소의 하나일 뿐으로, 객관적으로 측정 가능하지 않다. 시간을 측정할 수 없다니? 얼토당토않은 이야기 같지만 꼭 그렇지만도 않다. 시간time, 정확히 표현하자면 '흘러간 시간의 양'을 측정할 때 쓰이는 단위는 시간hour, 분minute, 초second, 하루day, 년year과 같은 것들이다. 하지만 정말 이런 단위를 이용해서 측정되는 것이 시간일까?

무엇인가를 측정한다는 것은 대상을 어떤 기준과 비교한다는 의미이다. 그러므로 비교 대상이 없으면 애초에 측정이라는 개념은 성립이 불가능하다. 측정 행위의 본질은 비교다. 그런데 시간을 측정의 대상으로 생각하고 바라보면 시간이 갖고 있는 몇 가지 문제점과 특징이 드러난다. 무엇보다도 시간은 보관할 수가 없다. 시간을 보관할 수 없다는 사실은 모든 사람을 안타깝게 만드는 일이다. 단순히 오래 살고 싶어 하는 본능 때문만은 아니다. 시간이라는 대상에 대해 체계적으로 접근해보고자 하는 과학자들에게도 마찬가지다.

측정하고자 하는 물리량이 어떤 형태로도 보관이 안 된다는 사실은 굉장한 어려움을 안겨준다. 저장할 수가 없으므로 특정한 시간 조각을 차근차근 살펴볼 방법이 없고, 서로 다른 시간 조각을 비교할 방법도 없기 때문이다. 오늘의 한 시간이 어제의 한 시간과, 또는 서울의 한 시간이 뉴욕의 한 시간과 같다는 것을 확인하려면 둘을 나란히 놓고 비교해봐야 할 텐데 그런 방법은 존재하지 않는다. 어제의 한 시간을 어딘가에 보관했다가 오늘 꺼내어 다시 들여다볼 수도 없고, 서울의 한 시간과 뉴욕의 한 시간을 각각 가져다가 한 장소에 옮겨놓을 재간도 없는 것이다. 그러므로 어떤 시간 조각을 다른 시간 조각과 비교하는 것은 원천적으로 불가능하다.

사람들이 시간이라고 부르는 그 무엇인가는 결국 규칙적으로 반복되는(그렇다고 믿는) 특정한 반복 운동의 횟수를 센 것일 뿐이다. 하루라는 시간의 길이는 태양이 뜨고 지는 '규칙적' 움직임을 기준으로 정해진다. 이 정의에는 태양이 규칙적으로 뜨고 진다는, 다시 말해 지구의 자전 속도가 일정하다는 가정이 깔려 있다. 결국 날짜를 센다는 것은 지구의 자전 횟수를 세는 것이다. 년year도 마찬가지다. 음력의 한 달month은 달moon의 형태가 규칙적으로 반복되는 것을 기준으로 정한 것이다. 이처럼 우리가 생각하는 시간의 기본 개념은 천체의 움직임이 규칙적이며 일정하다는 전제를 바탕에 둔다. 그러나 시간의 기준으로 삼는 천체도 수명이 있다. 언젠가 지구와 태양이 사라진다면 지금 우리가 사용하는 하루와 1년이라는 시간의 기준도 사라진다. 그러므로 지구의 움직임을 기반으로 만들어진 하루, 년 같은 기준은 절대로 안정적인 기준이 될 수 없다. 하루의 24분의 1이 한 시간이고, 한 시간의 60분의 1이 1분,

1분의 60분의 1이 1초라고 정의한다면, 지구가 사라진 뒤에는 시간을 정의할 기준 자체가 사라지게 될 것이다. 결국 시간의 본질이 적어도 천체의 움직임 속에 들어 있는 것은 아니라는 의미다.

개념적으로 볼 때 규칙적인 반복 운동만이 시간 측정의 기준이 될 수 있다. 그렇다면 비단 천체의 움직임이 아니더라도 규칙적으로 반복되는 운동이기만 하면 어떤 것이라도 시간의 기준이 될 수 있다. 고대인들이 해와 달같이 두드러지게 눈에 띄는 천체의 움직임을 시간의 기준으로 삼은 것은 거기에 보편성과 일관성이 있기 때문이었다. 그러나 우리 주변의 자연에서 천체만 규칙적으로 움직이는 것은 아니다. 인체의 활동 중에도 어느 정도는 규칙적인 것이 있다. 맥박과 여성의 생리 주기는 대표적인 인체의 주기 운동으로, 시간의 기준으로 삼을 수 있다. 만약 모든 사람의 맥박이 똑같은 속도로 뛰고 누구나 생리 주기가 정확히 일치한다면 길이처럼 시간의 기준도 천체가 아니라 인체를 바탕으로 만들어졌을 수도 있다. 그리고 그 단위는 '초'가 아니라 '맥脈', '비트beat', '펄스pulse' 혹은 '스랍throb'이었을지도 모를 일이다. 터무니없게 들린다면, 만약 자신이 아무런 시간 측정 장비가 없는 상태로 외부와 단절된 공간에 갇혀 있다고 생각해보라. 어떤 방법으로 짧은 시간의 흐름을 셀 수 있을까? 맥박을 세는 방법 이외에 별다른 뾰족한 수가 있을 것 같지 않다.

나누기에서 더하기로

시간과 관련된 단위는 나누기와 관련이 깊다. 인간이 만들어낸, 혹은 찾아낸 최초의 시간 단위는 태양의 움직임에 근거한 하루day일 것이다. 그 하루를 10, 12 혹은 24로 나누어 시간hour을 만들어내고, 시간을 다시 '나눠서' 분, 초 등을 만들었다. 1시간 혹은 1분을 먼저 만들어낸 뒤 이를 모아서 하루라는 개념을 만들지 않은 것이다. 하지만 해year는 하루를 더해서 만들어낸 단위라고 볼 수도 있고, 하루day가 해year를 나눠서 만든 것이라고 생각할 수도 있다.

일반인에게 1년은 하루가 365개 모아져서 만들어지는 시간이지만, 천문학적 관점에서 보자면 사실 1년과 하루는 직접적으로 연관되어 있지 않다. 1년은 지구에서 바라보는 태양의 위치가 주기적으로 변화하는 것을 관찰하여 파악할 수 있고, 이는 설령 지구가 자전하지 않고 공전만 한다고 해도 정의할 수 있는 값이다. 물론 이런 식으로 1년이라는 시간을 측정하려면 태양의 움직임을 가능한 한 정교하게 수년간 관측해야 한다. 일반인이 할 수 있는 일은 아니다.

문제는 하루라는 현상을 만들어내는 지구의 자전과, 1년이라는 현상을 만들어내는 공전이 직접적으로 연관된 것이 아니어서 천문학적으로는 1년의 길이가 하루의 정수배가 아니라는 점이다. 실제로 1년을 정의하는 방법도 여러 가지가 있다. 달력 만들기가 어려운 이유가 바로 이것이다. 그래서 사람들은 하루를 어떻게 묶어서 더하느냐보다 어떻게 1년을 나누느냐에 훨씬 많은 노력을 들였다. 1년을 어떻게 정의하느냐는 천문학자들이 고민할 문제였지만, 1년을 며칠로, 몇 달로 나누어 달력을 만들 것인가 하는 문제는 모두에게 영향을 미쳤기 때문이다.

하루를 어떻게 나눌 것인가 하는 문제도 마찬가지다. 하루는 지구의 자전을 바탕으로 만들어진 개념이지만, 하루를 24시간, 1시간을 60분, 1분을 60초로 나누는 방법은 자연 현상과는 아무런 관련이 없다. 그저 인간이 사용하기 편리하게 정해놓은 규칙일 뿐이다. 지금의 시간 계산법은 1시간을 60분으로, 1분을 60초로, 즉 1시간을 3,600초로 나누지만, 하루를 나누는 독자적 방법을 가진 다양한 달력이 존재했다. 고대 히브리의 달력은 1시간을 1,080으로 나누어 이를 1헬라킴이라고 했으며, 프랑스 혁명기에 만들어진 혁명 달력은 한 달을 30일로 정하고 하루를 10시간으로, 1시간을 100분으로 정하기도 했다. 사실 이것은 자연 현상의 문제가 아니라 그저 편의의 문제이므로 어떤 방법을 사용해도 상관이 없다.

▲ 하루가 10시간인 프랑스 혁명 시대의 시계. 12시간 눈금도 함께 표시되어 있다.
Cormullion/wikimedia commons.

이처럼 인류에게 시간이라는 것은 기본적으로 가장 익숙하고 중요한 천체인 지구와 태양 사이의 규칙적 운동, 즉 지구의 자전에 의해서 나타나는 '하루'를 기준으로 만들어져 있었다. 하루가 적절히 나뉘어 시, 분, 초라는 개념이 탄생했고, 하루들이 더해져 달month과 해year도 만들어졌다.

그러나 오늘날 시간의 정의는 하루가 아니라 '초'에서 시작한다. 우선 최고의 지식과 기술을 동원해서 1초를 명확하게 정의한다. 이를 측정한 뒤 60초를 1분, 60분을 1시간, 24시간을 1일로 정하는 것이다. 지금 생각하기엔 이 방법이 가장 합리적이라고 여겨지지만, 이런 정의가 언제까지 유지될지는 아무도 모른다. 하루가 있어서 1초가 있는 것인지, 1초가 있어서 하루가 있는 것인지는 알 수 없다는 뜻이다. 세상은 돌고 돈다지만, 시간의 정의조차도 돌고 도는 셈이다.

하루를 어떻게 나눌 것인가

정답이 없는 문제에서 한 가지 선택을 하려고 할 때 여러 가지 방법 중에서 가장 합리적인 방법이 최종적으로 선택되는 것은 아니다. 제1차 세계대전이 끝난 후 국제연맹은 한 달을 28일로, 1년을 13개월로 정하는 달력을 제안했다. 이렇게 하면 1년에 하루만 남고 매달이 28일로 동일하게 이루어지기 때문에($13 \times 28 + 1 = 365$) 여러 가지 면에서 더 합리적이긴 했다. 하지만 이 방식의 달력은 자리 잡지 못했다. 인간은 합리보다는 익숙함을 선호하고, 습관을 이겨내기 위해서는 엄청난 에너지가 필요하기 때문이다.

그렇다면 하루를 어떻게 나눠야 좋을까? 어차피 정답은 없지만 편리하면서도 누구나 쉽게 배워서 쓸 수 있어야 한다는 목표는 분명하다. 이 문제에 대해서는 프랑스 혁명과 관련된 사례가 많은 것을 시사한다. 프랑스 혁명이 성공한 뒤, 새로 수립된 정부는 지역마다 통일되지 않았던 도량형을 10진법에 기반한 미터법으로 바꾸었고, 마찬가지로 시간 표시도 10진법을 기준으로 바꿨다. 인간에게 친숙한 10진법을 기반으로 시간과 도량형을 통일하는 이상을 실현하려 했던 것이다. 그 결과 만들어진 '프랑스 공화력'은 1년은 10개월, 하루는 10시간, 1시간은 100분, 1분은 100초로 이루어져 있었다. 언뜻 보면 이해하기도 쉽고 그럴듯한 달력이었지만, 현실에서의 결과는 정반대였다. 사람들은 하루가 24시간이라는 관념을 바꾸기 힘들어 했고, 10시간으로 나뉜 하루는 24시간으로 나뉜 하루보다 비교할 수 없을 정도로 불편했다. 결국 10진법에 기초한 시간 체계와 달력은 혁명 세력이 맹위를 떨치던 기간(12년) 동안만 쓰이다가 폐지되어 역사 속으로 사라지고 말았다. 그런데 흥미로운 사실은 당시 프랑스 혁명 세력이 이 달력과 함께 밀어붙였던 도량형인 미터법은 세월이 흐르면서 프랑스를 넘어 전 세계에 퍼져나가 국제단위계SI units의 기반이 되기에 이르렀다는 점이다.

앞서 언급했듯이 길이나 부피, 무게는 기본적으로 '더하기'의 세계이다. 기준이 되는 값을 무엇으로 정하건 사실 크게 상관이 없다. 왕궁의 대문 폭을 기준으로 길이를 정하건, 왕국을 세운 왕의 오른팔 길이를 기준으로 하건, 그다지 문제될 것이 없다. 더 긴 길이는 기준 길이를 몇 번 더하느냐의 문제이고, 더 짧은 길이는 10진법이건 12진법이건 정한 기준대로 나누어 사용하면 된다.

하지만 시간은 다르다. 하루, 1년과 같은 일정한 길이의 시간을 나누는 기준을 정하는 것은 훔친 보물을 적절하게 나누어갖는 문제를 푸는 것과 비슷하다. 1시간이라는 시간의 양을 어느 정도의 길이로 정해야 하루나 한 달, 1년이라는 기간을 편하게 셀 수 있느냐가 중요한 것이 아니라, 하루와 한 달 혹은 1년을 어떻게 나누어놓아야 쓰기 편한가를 푸는 문제인 것이다. 한 달을 정하면 1년이 정해지는 것이 아니라, 1년을 몇 달로 나누고 한 달을 며칠로 나누고 하루를 몇 시간으로 나눠야 '생활이 편리해지는가' 하는 문제를 풀어야 한다. 지구의 자전에 기반을 둔 개념인 하루와, 공전을 기준으로 하는 1년은 누가 봐도 분명한 자연 현상을 기준으로 만든 것이지만, 한 시간hour과 한 달month은 하루와 1년을 어떤 식으로 '자를' 것인지의 문제인 것이다. 결국 달력이나 시간hour을 둘러싼 접근은 나누기 문제를 둘러싸고 일어난 일이었다고 볼 수 있다. 여기저기 흩어진 것들을 한 곳으로 모으는 일보다는 있는 것을 적절하게 나누기가 훨씬 어려운 법이고, 시간이 바로 그랬다.

낮과 밤이 반복적으로 나타나는 하루라는 개념은 누군가에게 배우지 않아도 누구나 스스로 터득할 수 있겠지만, 1주일, 1개월, 1년이라는 개념은 배워서 익히는 것이지 스스로 터득하는 것이 아니다. 마찬가지로 인위적으로 정해진 시간의 길이인 1시간, 1분, 1초라는 개념도 온전히 학습에 의해서 익숙해진다. 지구에서 살아가는 한, 시간의 단위가

'하루'와 연관되어 있지 않으면 실질적으로 큰 의미를 갖기 어렵다. 지금 사용하고 있는 '하루=24시간', '1시간=60분', '1분=60초'라는 정의는 하루라는 재료를 어떻게 다루는 것이 효과적인지에 대해 인류가 오랜 세월에 걸쳐 고민한 끝에 만들어낸 요리라고 해도 틀린 말은 아닐 것이다. 24와 60은 일상적으로 사용하기 편한 100 이하의 수 중에서 약수가 아주 많은 숫자다. 1과 자신을 제외하면 24의 약수는 2, 3, 4, 6, 8, 12이고, 60의 약수는 2, 3, 4, 5, 6, 10, 12, 15, 20, 30으로 각각 6개, 10개에 이른다. 30의 약수도 24와 마찬가지로 6개이긴 하지만, 하루를 30시간으로 정의하면 낮과 밤이 15시간이 되는데, 15는 24의 절반인 12에 비해 약수의 개수가 적어 사용이 불편하다. 시간은 나누기라는 관점에서 바라본다면, 나눌 수 있는 방법이 다양할수록 편할 수밖에 없다. 그런 점에서 하루를 24와 60을 이용해서 나누는 것은 지극히 효과적인 방법인 셈이다.

삶의 속도

살아 있다는 것은 생각하고 움직인다는 뜻이고, 몸을 움직이거나 머리를 써서 생각을 하려면 시간time이 소요되므로 시간은 인간에게 어쩌면 가장 중요한 물리량이라고 할 수 있다. 시야를 개인에서 사회로 넓혀보아도 마찬가지여서, 시간을 어떻게 정의하느냐에 따라 사회의 속도가 달라짐을 알 수 있다. 1시간, 1분, 1초의 정의도 중요하지만, 지속적으로 반복되는 하루에 어떤 식으로 시간 개념을 적용할 것인지도 굉장히 중요해진다. 만약 하루를 지금과 같이 24시간으로 정해놓았어도 분minute이나 초second의 개념은 만들어놓지 않았다면, 사회생활에 1시간 이내의 시간 단위를 적용할 수 없으므로 개인과 사회의 삶의 속도는 지금보다 굉장히 느려질 수밖에 없다. 약속을 해도 시hour 단위로밖에 할 수 없게 되고, 일의 종류에 관계없이 수행하는 데 걸리는 시간은 한 시간 단위로밖에 파악이 되지 않기 때문이다.

19세기까지 조선에서 쓰이던 시간 체계는 당연히 지금과 달랐다. 잘 알려져 있는 것은 하루를 자시子時부터 해시亥時까지 12간지의 이름을 이용해서 12등분하는 방식이다. 12진각법辰刻法이라고도 한다. 각각의 시時는 지금의 두 시간 길이였고, 각 시의 앞부분 반을 초初, 각 시의 뒷부분 반을 정正이라고 불렀다. 예를 들어 자시子時는 밤 11시에서 새벽 1시까지, 축시丑時는 새벽 1시에서 새벽 3시, 오시午時는 오전 11시에서 오후 1시를 가리키고, 자초子初는 밤 11시에서 12시, 자정子正은 밤 12시에서 새벽 1시까지를 뜻했다. 낮 12시는 오정午正이며 이를 정오正午라고도 불렀다. 그런데 가만히 들여다보면 12진각법도 결국 실제로는 지금과 마찬가지로 하루를 24등분한 셈이라는 것을 알 수 있다. 서양과 동양에서 모두 하루를 24등분하는 방법으로 시간을 나누었다는 점은 매우 흥미롭다. 결국 가장 다양하게 나눌 수 있는 숫자인 24를 사용했다는 점에서 동서양이 같은 결론에 도달했던 것으로 볼 수 있다.

	오늘날의 시간	초初	정正	비고
자시子時	23~01시	자초子初	자정子正	자정子正 = 0시~01시
축시丑時	01~03시	축초丑初	축정丑正	
인시寅時	03~05시	인초寅初	인정寅正	
묘시卯時	05~07시	묘초卯初	묘정卯正	
진시辰時	07~09시	진초辰初	진정辰正	
사시巳時	09~11시	사초巳初	사정巳正	
오시午時	11~13시	오초午初	오정午正	오정午正을 정오正午라고도 함. 정오正午 = 12시~13시
미시未時	13~15시	미초未初	미정未正	
신시申時	15~17시	신초申初	신정申正	
유시酉時	17~19시	유초酉初	유정酉正	
술시戌時	19~21시	술초戌初	술정戌正	
해시亥時	21~23시	해초亥初	해정亥正	

▲ 조선 시대에 하루의 시간을 구분하던 방법인 12진각법

　오늘날에도 방송에서 밤 0시와 낮 12시에 '자정子正을 알립니다', '정오正午를 알립니다'라는 안내를 해주는 것도 여기에서 유래했다. 그런데 엄밀히는, 자정이나 정오를 알린다는 말의 의미는 밤 0시, 낮 12시가 자정, 정오라는 뜻이 아니라, 자정과 정오의 시작을 알린다는 의미이다.

분(分)의 탄생

그런데 불과 수백 년 전까지만 해도 동서양을 막론하고 시hour보다 상세하게 세분화된 시간time 단위가 없었다. 이는 당시 사람들이 분이나 초와 같이 시보다 더 짧은 시간time의 단위를 정의할 줄 몰라서가 아니라 시 단위 이하로 정밀하게 시간을 측정하는 기술이 없었기 때문이었다. 측정이 불가능했으므로 정의해놓는다 해도 소용이 없었다.

12진각법을 이용해서 가장 정밀하게 지정할 수 있는 시간의 크기는 1시간이다. 만약 두 사람이 지금의 오후 1시에서 2시 사이인 미초未初에 만나기로 약속을 했고, 한 사람은 1시 정각에, 또 한 사람은 1시 59분에 약속 장소에 나타났다고 해보자. 그러면 둘 다 미초未初에 약속 장소에 온 것이므로 1시 정각에 온 사람이 1시 59분에 온 사람보고 약속에 늦었다고 투덜거릴 근거가 없다(물론 미초를 정확하게 측정할 방법도 없긴 하다). 이런 상황에서는 약속이란 으레 앞뒤로 30분 정도의 차이가 발생할 수 있다고 여겨질 수밖에 없는 것이다. 이는 개인 사이에서뿐 아니라 사회 어느 분야에서나 마찬가지다. 개인의 생활을 포함해서 사회 전체의 움직임의 속도는 구성원들의 성향이나 의지보다 기본적으로 시간 정의의 정밀도에 따라 결정된다. 자기 삶의 속도는 스스로 결정하는 것이라고 생각할 수도 있겠지만, 어쩌면 실제 삶의 속도는 자신도, 시계도 아닌 시간의 정의와 그 측정 방법에 따라 정해지는 것일 수도 있는 셈이다.

오늘날의 일반적인 시계는 초 단위까지 표시해준다. 그런데 시침만 있고 분침이 없는 시계가 있다면 그런 것도 시계라고 부를 수 있을까?

어떻게 부르건, 그런 물건이 시간을 표시하는 용도로 어느 정도나 쓸모가 있을까? 지금의 우리 생활에서 분이라는 단위를 없애고 살아가는 것이 가능하기는 할까? 사실 시계에 분침이 달리기 시작한 것은 생각보다 오래되지 않았다. 기계적인 구조를 가지고 움직이면서 시간을 표시해주는 시계가 만들어진 것은 14세기경의 유럽에서였다. 당시 유럽의 시계는 지금처럼 시곗바늘이 있는 형태가 아니라 한 시간에 한 번씩 종이 울리도록 만들어져 있었고, 크기가 엄청났기 때문에 보통 교회나 마을 광장에 설치되어 있었다. 그래야 가급적 많은 사람들이 시간을 알 수 있었기 때문이다.

그런데 한 시간마다 소리를 내는 것이 이런 시계가 지닌 기능의 전부였다고 해도, 시계 내부에는 시간의 흐름을 측정하는 장치가 있어야 한다. 당시의 시계 제작자들도 이 장치에 바늘을 달면 시간의 흐름을 표시할 수 있다는 것을 당연히 알고 있었다. 그러므로 시계에 시침이 달리게 된 것은 대단한 혁신이라고 부를 만한 일이 아니라, 그저 자연스런 진화였다고 할 수 있다. 한 시간에 한 번씩 소리만 내던 물건인 시계에 시침이 부착되자 이제 사람들은 시계탑의 종소리가 울리지 않을 때도 언제든 시각을 알 수 있게 된다. 물론 이런 혜택은 시계가 설치된 광장을 어슬렁거릴 수 있는 여유가 있는 사람들만 누릴 수 있는 것이었지만 말이다.

이 시기에는 시침을 손 모양으로 만드는 경우가 많았으므로 시침을 '시간hour을 가리키는 손hand'이라는 의미로 'hour hand'라고 불렀다. 하지만 당시 시계의 정확도는 해시계나 물시계를 이용해서 지속적으로 오차를 보정해주어야 하는 수준이었기 때문에 분침을 설치해도 별 의미가 없었다. 한두 시간만 지나도 한 시간 단위의 시각조차 제대로 알려주지 못하는 시계에 분침을 달아봤자 의미가 없었던 것이다. 그래서 중세 유럽의 시계에는 시침밖에 달려 있지 않았다. 이처럼 시계가 시침만을 가지고 있고, 시간 단위 이하의 정확도를 전혀 보장하지 못한다면 일상생활은 시간 단위로 규정될 수밖에 없다. 기술 수준이 높지 않았던 덕택에 누구도 분 단위는 고사하고 30분, 10분 단위로 움직일 일이 없고, 아무도 그러라고 강요할 수도 없었던 것이다.

▲ 이탈리아 피렌체 베키오성에 있는 시계탑의 분침이 없는 시계.

분침

시계에 분침이 장착되기까지는 이후로도 상당한 세월이 필요했고, 분침을 장착할 수 있을 정도의 기계 가공 정밀도가 확보된 것은 17세기말에 이르러서다. 분침보다 더 정밀한 기술을 필요로 하는 초침은 당연히 훨씬 뒤에야 만들어졌다.

분침은 시침hour hand보다 상세한 값을 알려주므로 상세한minute 시간을 가리키는 손, 즉 'minute hand'라고 불렸고, 이 때문에 'minute'가 '분分'을 가리키는 말로 자리 잡았다. 또한 초침은 분침에 이어 두 번째second로 상세한 시각을 알려주는 손, 즉 'second minute hand'라고 불리면서 'second'가 '초秒'를 의미하게 된다. 만약 1초보다 짧은 시간을 표현하는 별도의 단위가 만들어졌다면 'third'라고 불리게 되었을지도 모를 일이다. 시간은 누구에게나 공평하면서 동시에 가장 소중한 자원이라고 여겨지지만, minute와 second는 아마도 지금 사용되는 모든 단위의 이름 중에서 가장 무성의하게 지어진 이름이 아닐까 싶다.

시계에 분침에 이어 초침까지 달리게 되자 인간의 삶이 초 단위로 관리되는 상황도 생겼다. 만들어놓았으니 사용하게 된다. 오늘날 일상생활에서는 느끼기 힘들어도 수많은 곳에서 많은 사람들이 초 단위로 움직이고 있다. 농구를 비롯한 몇몇 스포츠 종목에서는 경기 시간을 초 단위로 운용한다. 마지막 남은 시간이 1초인 상황에서 시계가 멈추고, 마지막 남은 1초를 어떻게 활용할 것인지를 두고 양 팀이 치열하게 작전을 세우는 모습은 농구 팬이라면 익숙할 것이다. 당연히 농구 선수들에게는 초 단위로 체계적으로 움직이는 훈련이 중요할 수밖에 없다.

실제로 스포츠 경기에서는 불과 몇 초 사이에 승패가 갈리기도 하고, TV나 라디오 프로그램은 초 단위로 편집되고 송출된다. 실제로 방송국에 따라서는 3초만 방송이 중단되어도 사고로 간주하기도 한다. 주식이나 외환 거래 등이 이루어지는 금융 시장에서도 초 단위의 시간이 갖는 의미는 낯설지 않다. 이 밖에도 우주선 발사와 같이 심지어 초 단위 이하의 더 세분화된 시간 단위로 모든 움직임을 파악해야 하는 분야는 엄청나게 많다.

현대인의 관점에서 볼 때, 초침까지는 아니어도 분침이 없는 시계는 장식으로서의 가치 이외에는 쓸모가 없는 물건이지만, 그런 시계가 쓰이던 시대의 사람들에겐 반대로 한 시간보다 더 상세한 시간 단위가 필요 없었다. 먹고살기는 힘들었을지 몰라도 느긋한 세상이었다고나

▲ 오늘날의 사회는 초 단위 아래까지 알기를 강요하고 있는지도 모른다.

할까. 오히려 분침이 만들어짐으로써 사람들은 시간을 분 단위로 나누어서 쓰는 생활을 강요받기 시작한다. 기술이 인간의 생활을 지배하기 시작한 것은 TV나 인터넷, 스마트폰이 출현하고부터가 아니었다는 사실을 어디에서나 볼 수 있는 시계에서도 확인할 수 있는 것이다.

시도한 일의 결과를 완벽하게 예측하는 것은 불가능하다. 상세minute하고, 두 번째로second 상세한 시간의 단위를 만들어내고 표시할 수 있게 된 것은 기술의 진보 덕분이었지만, 그 결과는 단지 잘게 나눠진 새로운 시간 단위의 출현에 그치지 않고 사람들의 삶의 모습을 완전히 바꿔버렸다. 혹시라도 지금보다 느린 삶을 원한다면 시계의 분침을 떼어내는 것은 어떨까? 물론 나 혼자만 분침을 떼어내어서야 그다지 소용이 없겠지만 말이다.

5

나는
특별하다

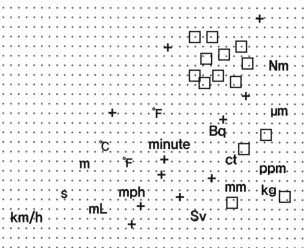

Nm

+

+

°F μm

+

Bq

℃ minute ☐

m °F + ct ppm.

+ + mm kg ☐

$ mph + ☐

km/h mL + Sv

+

―――――――――

나, 혹은 내가 속한 집단이 나머지 사람들과 다르다는 믿음은 근거 없는 자신감을 증폭하기도 하지만, 자신을 타인과 차별화하는 데 탁월한 효과가 있다. 이를 어떻게 바라보느냐와 관계없이, 이런 접근 방법은 역사와 지역을 넘어 종종 쓰여왔다. 단위도 마찬가지다. 몇몇 단위들은 특정 사용자 집단과 맞물려 특별한 용도를 갖고 있으며, 끈질긴 생명력을 자랑한다.

―――――――――

익숙한 것은 바꾸기 힘들다

한국에서는 대부분의 사람들이 미터법에 익숙하다. 주로 미국에서 사용되는 길이와 거리의 단위인 인치, 피트, 야드, 마일 등은 한국인에게 보편적이지도 않고, 미터법을 사용하도록 되어 있는 법규에도 맞지 않기 때문에 방송이나 신문 등에서는 사용하지 않는다. 모든 길이 단위를 미터법으로 고쳐서 사용해야 하는 것이다. 이처럼 한국은 미터법의 나라이지만, 의외로 미터보다 인치가 득세하는 영역도 있다.

몸 둘레는 인치의 영역

대한민국에서 공식적으로 사용되는 모든 단위는 모두 미터법에 따라야 한다. 부동산의 넓이를 평坪을 써서 표시할 수 없고, 의류의 크기를 표시하는 단위로 인치를 사용하면 안 된다. 흔히 자신의 허리둘레를 표현할 때 ○○인치, △△인치라고 하는 경우가 많지만, 막상 국내에서 판매되는 의류에는 사이즈가 모두 센티미터로 표기되어 있는 것도 이 때문이다. 그 밖에도 TV나 모니터, 화면의 크기를 표시하고 광고할 때도 미터법에 의한 단위만 표시해야 한다. 이런 법규의 의도는 당연히 일상적으로 미터법 단위만 쓰도록 유도하는 데 있다.

하지만 현실은 규정의 의도대로 움직이지만은 않을 때도 많다. 대화에서 사용하는 단위까지 법규로 규제할 수도 없는 노릇이긴 하지만, 어째서인지 허리둘레나 바지의 크기를 이야기할 때는 인치를 사용하는 경우가 많다. 의류 매장에서 바지를 구입할 때 고객과 판매원 모두 바지의 허리둘레를 센티미터로 이야기하는 경우는 드물다는 점을 떠올리면 된다. 법과 규정이 무엇이든, 한국인의 머릿속에서 허리둘레는 인치의 세계에 존재하는 셈이다. 사실 허리둘레뿐 아니라 일반적으로 신체 부위의 둘레를 수치로 표현할 때에는 인치를 단위로 쓰는 경우가 많다. 여성들의 신체 사이즈를 표시할 때 가슴·허리·엉덩이의 둘레를 인치 단위로 표시하는 관습이 대표적일 것이다.

한국에서 볼 때 인치는 미국에서 주로 쓰이는 단위다. 그러므로 신체 둘레를 표현할 때 인치를 쓰는 관습은 미국식 표현의 영향으로 보는 것이 타당하다. 가슴·허리·엉덩이 둘레를 인치로 표현하는 방식, 나아가서 몸의 부위별 크기라는 개념과 이를 구체적으로 표현하는 방법이 미국에서 들어왔기 때문이라고 유추하는 것이 가능하다. 한복은 구조적으로 몸의 크기에 정확하게 맞추어서 만들어지는 옷이 아니기도 해서, 서구식 의복이 보편화되기 이전의 한국에서는 옷에 몸 둘레 크기라는 개념이 희박했다. 그러므로 몸을 바라볼 때도 신체 각 부위별 둘레의 크기라는 개념은 그다지 중요하지 않았다. 하지만 20세기 중반부터 급격히 유입된 미국식 스타일에서는 옷이나 신체의 둘레 사이즈가 중요해진다. 결과적으로 가슴둘레, 허리둘레와 같은 개념은 미국식 단위였던 인치로 표현하는 것이 자연스럽게 정착된 듯하다.

신체의 둘레 크기를 측정할 때 인치 단위가 통용되는 현상을 새로운 문화의 유입이라는 관점에서 바라보면 어떨까? 신체의 크기라는 면에서는 마찬가지지만, 키나 발의 크기 같은 것은 자연스럽게 센티미터 단위로 표현한다. 이는 몸의 둘레를 측정하는 행위 자체가 새로운 일이었고, 이와 함께 둘레 측정 단위로 인치가 받아들여졌기 때문이었을 것이다.

바퀴와 화면의 크기

TV나 모니터, 스마트폰처럼 화면이 달린 물건도 인치의 세계에 존재한다. 자기 집의 TV화면 사이즈를 센티미터로 기억하고 있는 사람은 많지 않지만, 요즘의 TV 제품 광고 어디에도 화면 사이즈가 몇 인치라고 말해주는 경우는 없다. 화면의 크기가 101cm인지 120cm인지는 쓰여 있어도 어디에도 몇 인치라고는 쓰여 있지는 않다.

그동안 쓰던 47인치 TV를 좀 더 큰 것으로 바꾸고 싶어서 TV 매장을 찾았다면 110cm짜리와 120cm짜리 제품을 놓고 선택해야 하는 상황에 맞닥뜨릴 수 있다. 아마 별도의 정보가 없다면, 110cm가 47인치보다 큰지 작은지 헷갈려 하는 소비자가 그렇지 않은 소비자보다 많을 것이다. 그래서 제조업체들은 각 제품의 모델명에 해당 제품의 화면 사이즈를 인치로 표시했을 때의 숫자를 넣어두는 방법으로 소비자가 원하는 정보를 알려준다. 인치 크기로 화면 사이즈를 판별하는 데 익숙해져 있는 소비자들을 배려하는 것이다. 이렇게 함으로써 제조업체는 관련 법 규정을 위반하지 않으면서도 소비자가 필요로 하는 정보를 전달할 수 있다. TV보다 크기는 작아도 마찬가지로 화면의 크기가 중요한 제품인 모니터, 노트북 컴퓨터, 스마트폰 등의 경우도 화면 사이즈를 인치 단위로 표기한다는 공통점이 있다. 화면의 크기도 인치의 세상인 것이다.

자동차나 자전거 바퀴의 지름도 인치 단위를 이용해서 크기가 표준화되어 있다. 자동차 타이어는 조금 복잡해서 인치와 미터법 규격이 동시에 사용되는 특별한 영역이다. 타이어의 크기는 205/50R18과 같은 식으로 표기되는데, 첫 숫자 205는 밀리미터로 나타낸 타이어의 폭, 두 번째 숫자 50은 타이어의 폭과 높이의 비율, 마지막의 18은 인치로 표시한 휠의 지름이다. 결국 가장 핵심적인 바퀴의 지름은 인치로 표시하고 있는 것이다.

이런 제품들은 역사적으로 초기 기술 개발과 상품화, 관련 시장의 대규모 형성이 인치 단위를 사용하는 미국에서 이루어졌기 때문에 관련 표준이 인치 단위로 자리를 잡은 것이다. 역사적으로 TV, 자동차 등은 미국 시장에서부터 성장한 품목이고, 미국은 오랜 세월 동안 최대 규모의 시장이었다. 최초로 TV 방송이 시작된 나라도, 자동차가 대규모로 보급되기 시작한 나라도 미국이었고, 가장 큰 시장도 미국이었으므로 그런 영향이 이런 품목의 규격 표시에 영향을 미치는 것이다.

목적지까지 3.2킬로미터

한국에서는 보통 킬로미터 단위로 거리를 표현하지만 항공기 여행에서는 상황이 조금 다르다. 모든 항공사들은 승객들에게 탑승 거리 누적에 따라 혜택을 주는 마일리지mileage 서비스를 제공한다. 이 서비스는 애초에 마일을 거리 단위로 사용하는 나라인 미국에서 시작되었기 때문에(1979년 텍사스국제항공Texas International Airlines에서 시작되었다) 누적 탑승 거리를 마일로 표시하는 것이 당연한 일이었다. 이 제도가 각국으로 퍼져나가면서 미터법을 쓰는 나라에서도 고객의 누적 탑승 거리를 마일로 표시한 것이다.

사실 항공 업계는 마일이나 피트 같은 이른바 '미국식' 단위가 지배적인 곳이다. 하늘에서는 허리둘레와 마찬가지로 미국이 힘을 발휘한다. 라이트 형제에 의해서 비행기가 처음으로 만들어진 곳도 미국이고, 오늘날 항공 산업이 대규모로 발전한 곳 또한 미국인 것을 떠올리면 그리 이상할 것도 없다. 비행 거리나 누적 탑승 거리를 마일로 표시하는 것 자체는 사실 고객의 입장에서는 별문제가 되지 않는다. 자신의 누적 탑승 거리가 10만km이건 10만 마일이건, 어떤 혜택을 받을 수 있느냐가 중요할 뿐이기 때문이다.

미국에서는 비행기 항로뿐 아니라 도로에서도 마일로 거리를 표시하고 파운드로 무게를 나타내는데, 이로 인해 TV나 영화에서는 가끔 어색한 장면이 만들어지기도 한다. 국내에서 TV에 방영되는 외국(주로 미국) 드라마나 영화를 보다 보면 도통 이해가 가지 않는 장면이 등장하는 때가 있다. 요즘엔 극장뿐 아니라 TV에서도 외화를 상영하면서 한국어로 더빙하기보다는 자막을 이용해서 대사를 보여주는 경향이 있어 더 눈에 잘 띄는 일이기도 하다.

자동차를 운전 중인 등장인물이 도로 표지판을 보면서 "3.2km만 더 가면 목적지야"라고 하거나, 어떤 물건을 집어 들며 "무게가 4.5kg은 될 것 같은데"라고 말하는 내용이 담긴 자막이 표시되는 경우가 있다. 하지만 현실에서 이런 식으로 말을 하는 사람은 보기 어렵다. 고속도로에서 운전을 하면서 목적지까지 남은 거리를 0.1km 단위로 가늠하는 사람이 어디 있으며, 슈퍼마켓에서 무게를 0.5kg 단위로 짐작하는 사람이 어디 있을까? 대사가 이런 식이어서는 사실성을 부여하기 어려운데 왜 이런 장면이 만들어지는 것일까?

이제 위의 대사를 "2마일만 더 가면 목적지야"와 "무게가 10파운드는 될 것 같은데"로 바꾸면 마일과 파운드라는 단위에 익숙지 않은 사람이 보기에도 훨씬 자연스러워진다는 점을 쉽게 눈치 챌 수 있다. 3.2km는 2마일을, 4.5kg은 10파운드를 미터법으로 바꿔서 표현한 값이었던 것이다. 미터법의 사용을 강제하는 법규가 외국 영화나 TV 드라마라고 예외를 주기 어려울 수 있고, 영화에 부자연스러움을 더해주겠다고 이런 법규가 만들어진 것도 아니겠지만, 결과는 매우 어색하고 누구에게도 이로울 것이 없는 셈이다.

센티미터와 인치, 킬로미터와 마일, 그리고 킬로그램과 파운드는 각각 길이와 거리, 무게라는, 물리적으로는 한 가지의 개념을 나타낼 때 쓰는 단위다. 하지만 하나의 물리량을 두고 여러 가지 단위가 혼용되어 쓰이는 현상은 효율적이지도 않고 경우에 따라서는 혼란을 키울 뿐이다. 오늘날처럼 체계화된 시대에 사회 구성원 각자가 합리를 추구한다고 믿고 있어도 실상은 별로 그렇지 않을 수도 있다는 평범한 사실을 영화나 드라마에서도 확인할 수 있는 셈이다.

그러나 대부분의 사람들은 불합리와 비효율을 감수하더라도 어지간해서는 자신의 방식을 포기하기 힘들어한다. 익숙함을 포기한다는 것은 본능에 반하는 행동이기도 하거니와, 추가적 에너지를 필요로 하는 일이다. 사실 새로운 단위에 적응하려면 감각의 척도를 바꾸어야 하는 데 이는 쉽지도 않고 시간이 걸리는 일이기도 하다. 합리를 추구하는 데는 육체뿐 아니라 정신의 에너지도 필요하니까.

그나저나 자막에서는 단위를 원래대로 쓰는 것이 낫지 않을까? 주인공이 '100달러'라고 하는 대사를 '11만 2천 원'이라고 번역하지는 않는 것 같은데 말이다.

성공한 바벨탑

언어가 다양하면 좋을까

중동의 여러 부족들에게는 바벨탑 이야기가 다양한 형태로 전해져 내려온다. 일반적으로 많이 알려진 구약성서의 내용에 따르면, 대홍수 이후에 모여든 사람들이 함께 살기 위해서 높은 탑을 지으려 했다. 최초의 주상 복합 아파트 건설 계획이었던 셈이다. 그러나 인간의 능력이 자신에게 미치는 것을 두려워한 신이 공사를 방해하려고 인간의 언어를 여러 가지로 바꾸어버렸다는 것이다. 두려움을 가진 존재를 신이라고 부를 수 있는지 이해하기 어렵지만, 어찌되었건 사용하는 언어가 다양해지면 당연히 사람들 사이의 의사소통이 어려워지게 되므로 탑을 건설하는 일도 더는 지속하기 힘들었을 것이다. 핵심은 인간이 다양한 언어를 쓰게 됨으로써 고생길에 접어들었다는 데 있고, 당시 바빌로니아를 중심으로 여러 언어를 사용하는 사람들이 교류하면서 언어의 차이로 인해서 겪었던 곤란을 보여준다고 생각한다.

사실 외국어 학원이나 통역, 번역처럼 외국어를 사업 대상으로 하는 경우가 아니라면, 다양한 언어의 존재는 예나 지금이나 누구에게나 골치 아픈 일이다. 언어의 다양성을 중요한 가치로 여기는 시각도 엄연히 존재하기는 하지만, 개인의 입장에서 생각한다면 언어의 다양성이 자신에게 어떤 이득을 제공하는지 파악하기란 어렵다. 핸드폰을 갖고 어느 나라에 가건 자동적으로 로밍이 되는 것이 편하고 한국에서는 어딜 가건 한국어만 구사하면 아무런 문제가 없는 것처럼, 자신이 구사하는 언어가 세계 어디서나 통용되어서 나쁠 이유가 있을 리 없지 않은가. 아마도 인류의 언어가 하나뿐이었다면 문명의 모습은 지금과는 많이 달랐을 것이다. 그러나 일단 한 가지 언어에 익숙해진 상태에서는 누구도 자신의 언어를 자발적으로 포기하려 들지는 않는다. 여기에는 자신의 언어에 대한 자부심도 작용하고 있겠지만, 누구에게나 새로운 언어를 배우는 일이 매우 어렵기 때문이기도 할 것이다.

　그런데 인간의 의사소통에 필요한 수단이라는 면에서는 도량형이, 좀 더 넓게 볼 때 단위가 언어와 상당히 유사한 기능을 한다. 단위는 사회적 의사소통의 중요 수단이다. 문명이 발달할수록 단위의 종류가 많아지고 체계적으로 정리되게 마련이다. 사회가 복잡해짐에 따라 다양한 물리적 개념을 표현하고 측정하는 방법이 더욱 정교하게 발전하는 것이다. 단위의 핵심인 도량형은 언어와 마찬가지로 문명권에 따라 서로 다른 모습으로 발전했다. 유럽의 경우를 보면, 여러 나라가 얽혀 있는 대륙에서는 국가적 특색이나 역사적 배경을 완전히 배제하는 단위계인 미터법이 산업화와 맞물려 급속히 퍼져나갔다. 반면 섬나라라는 지리적 특성으로 인해서 영국은 독자적 단위계를 발전시켰을 뿐 아니라, 이를 지키려는 노력도 아끼지 않았다.

또한 산업화가 단위의 발달을 촉진했던 것이 분명해서, 근대적인 단위의 발전은 주로 유럽을 중심으로 이루어졌다. 일상생활에 필요한 도량형 이외의 단위는 사실 국가가 아니라 과학자들이 만들어내었다고 해도 틀리지 않다. 이런 단위는 전기에 대한 이해를 비롯해, 화학, 물리학의 발전에 따라 만들어졌고, 공학의 발전에 따라 대중에게 퍼져나갔다. '지구 자오선 측정' 같은 국가적 프로젝트에 사용될 장비를 몇 개 정도 정밀하게 만드는 것이 가능하다고 해도, 다양한 측정 도구를 집집마다 보급할 정도로 대량 생산하는 것은 전혀 다른 문제다.

단위를 정밀하게 규정하려면, 그에 상응하는 정확도로 대상을 측정할 방법이 있어야 한다. 초침 달린 시계를 만들 수 없는데 1분을 60초, 100초, 1,000초로 정하는 것에 의미가 있을 리 없다. 어느 것이 먼저라고 할 수는 없지만, 기계공업이 발전하기 전까지는 시간뿐 아니라 길이, 부피, 무게와 같은 기본적인 도량형을 측정하는 장비도 정밀하게 제작하기가 힘들었으므로, 일반인들 입장에서는 단위도 정교하게 사용하기 어려웠다. 일상에서 사용하는 단위의 정밀도는 측정 장비의 정밀도와 긴밀하게 연결되어 있다. 일반인들이 갖고 있는 시계가 모두 기계식이던 시절에는 오차가 하루에 10분 이상 나는 것이 전혀 이상한 일이 아니었다. 당연히 고급 시계일수록 오차가 작았지만, 모두가 고급 시계를 가질 수는 없는 노릇이다. 시간을 5분, 10분 단위로 정확히 파악할 수 없는 상황에서는 당연히 약속 시간을 그보다 큰 15분, 30분 단위로 정하는 것이 합리적이었다. 그러다가 하루 오차가 몇 초에 불과한 전자식 시계가 보급되면서 시간에 대한 관념도 달라지고 약속도 5분, 10분 단위로 하는 사례가 늘어나기 시작한다. 오늘날에는 실용적으로는 거의 오차가 보이지 않는 시계가 내장된 휴대폰이 보급되어 정확한 시간 파악의 어려움은 사라진 것이나 다름없다. 물론 습관적으로 시간을 지키지 않는 사람들은 좋은 핑계 하나가 사라진 셈이지만.

발달 정도가 아무리 달라도 언어 없는 인간 사회가 없듯이, 어떤 문명에나 나름의 단위가 존재한다. 교통수단의 발달로 멀리 떨어진 문명 사이의 교류가 지금처럼 쉬워지기 전에는 한 곳에서 쓰이는 단위 체계가 다른 곳에서도 쓰이기를 기대하기가 어려웠다. 산 하나만 넘어도 언어가 달라지는데, 같은 단위 체계를 쓰기란 쉽지 않은 일이다. 이런 상황은 산업혁명과 더불어 현대 문명이 시작된 불과 100, 200년 전까지도 변함없이 유지되고 있었다. 대륙마다, 나라마다 단위가 다른 것은 물론이고, 같은 나라 안에서도 지역마다 다른 단위가 쓰이는 일이 비일비재했다. 각각의 단위는 그 단위를 쓰는 사람들로서는 나름의 사용 이유가 있었다. 사투리가 쓰이는 이유와 마찬가지다. 한마디로 인류에게 단위는 언어와 마찬가지의 상태에 놓여 있었다고 할 수 있다.

그리 넓지 않은 한반도에서도 이런 상황은 별다르지 않았다. 실학자 정약용의 상소문, 그리고 19세기 말 일본이 남긴 기록에서 당시 상황을 짐작할 수 있다.* 우선 정약용의 이야기를 들어보자. 다음 글은 오늘 날의 어투로 바꾸어 표현한 것이다.

지금 만 가지 말과 천 가지 섬이 마치 사람의 얼굴 다르듯이 달라서, 얼핏 보면 비슷해 보여도 실제로는 서로 다르다. 서울과 지방이 서로 고르지 않고, 이웃 고을이 서로 같지 않은 것은 말할 것도 없으며 한 고을에서도 관청에서 쓰는 말官斗, 시장에서 쓰는 말市斗, 동네에서 쓰는 말里斗이 따로 있다. 시장에서 쓰는 말도 이 시장과 저 시장이 서로 다르고, 마을의 말도 동촌과 서촌이 서로 다르다.

이와 관련해서 조선을 둘러본 일본 측의 기록은 좀 더 구체적이다. 〈일본국관보日本國官報〉 1888년 9월 19일자에 실린 기록이다.

동쪽으로는 울산에서 서쪽으로는 전라도의 진도까지, 북은 충청도 직산에서 남으로는 전라도 남해에 이르는 대략 2백 수십 리 사이 100여 곳에서 현재 사용되는 도량형을 조사해보았다. 그 결과 한 말斗의 용기가 모두 56종, 되升가 50종, 5홉合짜리가 2종 있었고, (길이를 재는) 자는 모두 71종이었는데, 그 가운데 직물의 길이를 재는 것으로는 명주 재는 것이 11종, 무명 재는 것이 10종 발견되었다.

• 박성래, 《한국 도량형사》, 국립민속박물관, 1997.

지금으로 보면 남한의 절반 정도 지역에서만도 이 정도였던 것이다. 그만큼 단위는 일상과 밀접하게 연결되어 있었고, 조선에서 지역 간의 교류가 활발치 않았다는 의미이기도 하다. 누구라도 한번 익숙해진 단위를 다른 단위로 바꾸려 들지 않게 마련이고, 그 결과 적절한 통제가 따르지 않으면 점점 단위의 종류가 많아질 수밖에 없었다. 눈을 유럽으로 돌려서 프랑스의 학자 앙리 모로가 근대 이전 프랑스의 상황을 묘사한 내용을 살펴봐도 상황은 별다르지 않다.

> 단위는 나라와 나라뿐 아니라 프랑스 안에서도 구, 시마다 달랐으며 길드마다 다른 단위를 쓰기도 했다. 착오와 속임수, 오해와 분쟁이 끊이지 않은 것은 당연하다. 과학의 발전에 걸림돌이 된 것은 말할 필요도 없다. 단위를 제대로 정의하지 않은 채 온갖 이름을 붙이고 기본 단위의 배수 단위와 분수 단위가 제각각이어서 더욱 혼란스러웠다.*

여기서 '프랑스'를 '조선'으로 바꾸어도 하나도 다를 게 없다. 익숙함을 선호하는 것은 인간의 본능이기 때문이다. 누구에게나 도깨비도 '낯선 도깨비보다 낯익은 도깨비가 나은 법'이었다.

● 로버트 P. 크리스, 노승영 옮김, 《측정의 역사》, 에이도스, 2012, 80쪽.

다시 짓는 바벨탑, 국제단위계

바벨탑 이야기에서 바벨탑이 무너지기 전까지 오직 한 가지 언어만이 존재하던 시대처럼, 오늘날 전 세계는 한 가지 단위만이 사용되는 세상을 만들고자 굉장히 애를 쓰고 있다. 그리고 어느 정도 성과도 보인다. 사실 대한민국만 봐도 그런 모습을 어렵지 않게 찾아볼 수 있다. 지금 우리나라에서 이러저런 상황에서 쓰이는 단위는 몇 가지나 될까? 미터, 킬로그램 같은 미터법의 단위, 종종 사용되는 인치와 마일 등으로 대표되는 야드파운드법의 단위들, 애국가 첫머리에도 나오는 '무궁화 삼천리'의 '리', 농산물이나 축산물의 무게를 재는 데 쓰이는 '근'이나, 집과 땅의 넓이에 쓰이는 '평'과 같은 과거의 단위들이 아직도 심심치 않게 쓰인다. 현실적으로 이런 단위들을 모르면 상당히 불편하다.

이처럼 여러 가지 단위들이 섞여서 쓰이는 데는 나름의 배경이 있긴 하지만, 한 사회에서 통용되는 언어의 종류가 많아서 생활이 더 편하고 생산적일 수 없듯이, 이용되는 단위의 종류가 여럿인 것이 더 바람직할 이유는 전혀 없다. 게다가 언어는 내용뿐 아니라 감성도 전달하는 도구이지만 단위는 오로지 내용만을 전달하는 데 쓰이는 도구라는 점을 생각하면 단위의 종류가 많아서 좋을 까닭은 찾기 힘들다. 그래서 세계 각국은 단위의 통일을 위해서 노력해왔고, 그 결과물이 미터법을 발전시킨 국제단위계다. 현재 국제단위계는 전 세계 거의 모든 나라에서 유일한 표준 단위계로 사용되고 있다. 인류가 언어의 통일을 이루지도 못했고, 오히려 언어의 다양성을 유지하려고 애쓰는 것과는 정반대의 일이 단위에서는 일어난 것이다. 오랜 역사를 통해서 많은 나라들이 다양한 방법으로 애썼음에도 이루지 못했던 단위의 통일이라는 성과를 이성의 힘으로 이루어냈다.

단위라는 분야에서는 무너졌던 단위의 바벨탑을 다시 짓기 위해서 사용되는 언어의 수를 차근차근 줄여가고 있고, 그 성과가 있는 셈이다. 인류가 공통의 목표를 정하고 그것을 달성하기 위해서 함께 노력하고, 무력에 의존하지 않으면서 실질적 성과를 손에 쥔 경우는 역사적으로도 흔치 않다. 그런데 그 어려운 예외 중 하나에 단위 체계가 있다. 인류는 적어도 단위에서는 미터법이라는 하나의 단위 체계에 거의 다가와 있다. 놀라운 일이다.

여인의 빛나는 단위

이유가 무엇인지를 알기는 어렵지만, 수학과 과학은 남자의 영역으로 여겨지는 경우가 많다. 반면 여성들이 뛰어난 분야도 있다. 어쩌면 태생적으로 여성과 남성의 뇌에 근본적인 차이가 있는 것일 수도 있겠다. 이공계 분야에 종사하는 사람들을 보면 어느 나라, 어느 시대나 남성의 비율이 압도적으로 높다. 여기에는 다양한 원인이 있겠지만, 일반적으로 여성이 과학과 관련된 내용에 관심을 덜 보인다는 인식이 존재하는 것은 분명하다. 특히 '도량형'이나 '단위' 같은 주제는 남녀를 불문하고 논리적인 것보다 관념적인 것을 선호하는 사람들에게는 더욱 멀게 느껴질 소지가 있다. 그러나 이런 사람들이라도, 특히 여성이라면 관심을 가질 만한 단위도 있다.

다이아몬드

사람마다 다를 수 있지만, 여성과 액세서리, 특히 보석은 떼어놓고 생각하기 어렵다고 이야기해도 무리가 아닐 것이다. 특히 다이아몬드는 보석 중에서도 가장 가격이 높고 선망의 대상으로 자리 잡고 있다. 다이아몬드의 가격은 투명도clarity, 가공 방법cut, 컬러color, 그리고 무게carat의 4가지 요소에 의해서 정해지며, 이를 보통 각각의 머리글자를 따서 4C라고 부른다. 그런데 이 중 투명도, 가공 방법, 컬러는 다이아몬드를 감정하는 사람이 평가하는 정성적定性的 요소다. 객관성을 높이기 위해 나름 엄격한 기준이 만들어져 있기는 해도 최종 판단은 어디까지나 평가자의 몫인 것이다. 아직까지 다이아몬드의 투명도, 가공 방법, 컬러의 등급을 판단해주는 기기는 존재하지 않는다.

그러나 무게는 측정자의 자의적 판단이 들어가지 않는 정량적定量的 물리량이므로 지극히 객관적인 요소다. 1캐럿의 다이아몬드는 전문 감정사가 측정하건 초등학생이 측정하건 저울만 제대로 조작한다면 무게 1캐럿인 것이다. 캐럿을 무게가 아닌 크기(부피)의 단위로 잘못 이해하는 경우도 제법 있는데, 캐럿은 엄연히 부피가 아닌 무게의 단위다. 물론 부피가 큰 다이아몬드가 무게도 많이 나간다. 그러나 부피가 아닌 무게를 기준으로 쓰는 이유는 부피보다 무게가 측정하기 훨씬 쉽기 때문이다.

캐럿carat, ct은 보석을 취급할 때만 쓰이는 단위로 국제단위계에서 규정한 단위는 아니다. 그러나 다이아몬드를 다루고, 판매하고, 구입하는 사람들이 국제단위계 같은 데 얽매이지 않아서인지, 캐럿은 여전히 다이아몬드의 세계에서는 지위가 확고하다. 캐럿이라는 명칭은 캐럽carob 나무의 씨앗에서 유래한다. 캐럽 씨앗은 낱알에 따른 무게 편차가 적어서 귀금속을 거래할 때 고객이 자신이 가져온 캐럽 씨앗을 이용해서 무게를 측정할 수 있었기 때문에 보석의 무게 단위의 기준으로 쓰이기 시작했다는 설도 있다. 또한 보석 시장에서 거래되는 대부분의 보석의 무게가 캐럽 씨앗의 무게와 비슷한 것도 한 이유였을 것이다.

▲ 캐럽 나무의 씨앗과 1캐럿 다이아몬드. Mihailo Grbic/wikimedia commons.

캐럿이라는 이름은 다양한 지역에서 쓰였지만, 동일한 이름으로 여러 곳에서 쓰였던 여느 단위들과 마찬가지로 캐럿이 가리키는 값은 지역마다 제각각이었다. 다이아몬드의 무게에 캐럿이라는 단위가 쓰이기 시작한 것은 지금부터 거의 500년 전인 1570년경으로 알려져 있다. 하지만 1캐럿의 값이 정확하게 규정된 것은 그리 오래되지 않아서, 불과 100여 년 전인 1907년이었다. 이때부터 비로소 '1ct=0.2g'으로 고정되어 쓰이기 시작했다.

그런데 1캐럿이 0.2g의 다른 이름일 뿐이라면, 다이아몬드의 무게 단위로 그램을 써도 그다지 불편하거나 문제될 것이 없어야 한다. 그런 데도 사람들이 캐럿을 고집하고, 캐럿이란 단위가 살아남은 이유는 어디에 있을까? 다이아몬드에만 사용되는 별도의 단위를 씀으로써 보석은 다른 물건들과 차별화되는 재화라는 것을 부각시킬 수 있다는 것이 가장 큰 이유였을 것이다.

"1캐럿짜리 다이아몬드 반지를 선물 받았어"와 "0.2g짜리 다이아몬드 반지를 선물 받았어"가 같다고 느낄 사람이 있을까? "선물 받았어"를 "선물해주었어"로 바꾸어놓고 봐도 마찬가지다. 생각해보면 보석의 가치는 오로지 '기분을 좋게 만드는 데' 있는 것이 아닌가. 또한, 그램을 단위로 사용하면 시중에서 거래되는 대부분의 다이아몬드는 무게가 1g, 즉 5캐럿이 되지 않는다. 1이라는 상징성을 갖는 숫자와 함께할 수 있는 다이아몬드의 개체 수가 급격히 줄어드는 것이다. 5캐럿이 넘는 다이아몬드를 실제로 본 사람이 몇이나 될까? 다이아몬드 업계로서는 그런 면도 생각해야만 할 필요가 충분하고, 이는 사실 고객의 입장에서도 마찬가지다. 그램 대신 캐럿이라는 무게 단위를 사용함으로써 그야말로 누이 좋고 매부 좋은 상황이 만들어지는 것이다.

'1ct=0.2g'이라는 정의에서 보듯이 캐럿은 크기가 아니라 무게의 단위다. 크기가 다른 두 다이아몬드의 무게는 부피에 비례해서 커진다. 하지만 사람의 눈은 보석의 크기를 1차원적인 폭으로 판단하기가 쉬우므로 실제 보석의 중량 차이와 눈에 보이는 크기(폭) 차이 사이에는 괴리가 생기기 쉽다. 특히 모양이 같다면 이런 착시 현상은 더 심해진다.

가장 일반적인 형상인 브릴리언트 컷으로 가공된 1캐럿 다이아몬드와 0.5캐럿 다이아몬드는 1캐럿 다이아몬드 쪽이 무게는 2배지만 위에서 볼 때 폭은 불과 각각 6.4mm와 5.0mm로 1캐럿 다이아몬드가 고작 1.4mm, 혹은 1.3배 클 뿐이다. 이처럼 1캐럿 다이아몬드는 시각적으로 0.5캐럿 다이아몬드보다 2배 커 보이지 않는다. 브릴리언트 컷으로 가공된 다이아몬드의 경우 무게가 2배 늘어날 때 직경은 26% 정도밖에 커지지 않는다. 그러나 1캐럿 다이아몬드는 0.5캐럿 다이아몬드보다 희귀하고, 2캐럿 다이아몬드는 1캐럿 다이아몬드보다 훨씬 찾아보기 어렵기 때문에 4C 중의 나머지 세 요소가 같다고 해도 가격은 보통 2배가 훨씬 넘는다. 다이아몬드의 가격은, 다른 요소가 동일하다면 무게가 늘어나는 것에 비해 훨씬 빠른 속도로 올라간다.

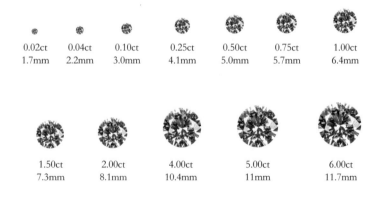

| 0.02ct | 0.04ct | 0.10ct | 0.25ct | 0.50ct | 0.75ct | 1.00ct |
| 1.7mm | 2.2mm | 3.0mm | 4.1mm | 5.0mm | 5.7mm | 6.4mm |

| 1.50ct | 2.00ct | 4.00ct | 5.00ct | 6.00ct |
| 7.3mm | 8.1mm | 10.4mm | 11mm | 11.7mm |

▲ 브릴리언트 컷 다이아몬드의 무게와 직경(실제 크기).

또한 0.99캐럿 다이아몬드와 1.0캐럿 다이아몬드 사이에도 무게 차이를 넘는 가격 차이가 존재한다. 1.0과 0.99가 갖는 상징성의 차이에 대해서는 별다른 설명이 필요하지 않을 것이다. 그렇기 때문에 0.99캐럿 다이아몬드는 찾는 사람이 드물고(아마 거의 없을 것이다), 당연히 시장에서도 보기 힘들다. 같은 모양의 0.99캐럿 다이아몬드와 1캐럿 다이아몬드를 눈으로 구분하기는 거의 불가능하겠지만, 0.99캐럿 다이아몬드 반지를 갖고 있는 사람의 마음속에서는 항상 1이라는 숫자가 어른거릴 가능성이 높다. 10진법이 인간의 감정을 지배하고 있으며, 아무리 값비싸고 빛나는 다이아몬드라 할지라도 10진법에 부합할 때 여인의 기분도 최고에 이르는 것이다. 아무리 수학을 싫어하는 사람이라고 해도 10진법의 굴레에서 벗어나기란 여간 힘든 일이 아니다.

karat? carat?

캐럿carat은 보석, 특히 다이아몬드와 연결된 단위로 받아들여진다. 그런데 귀금속으로서 다이아몬드와 어깨를 나란히 하는 금에는 캐럿carat과 앞 글자만 다른 캐럿karat이라는 단위가 쓰인다. 금은 다이아몬드와 달리 금속이므로 다양한 형태와 크기로 가공할 수 있다. 또한 다른 금속과 섞어서 합금을 만들 수 있어서 다양한 합금 기술이 발전되어왔다. 금은 금속 중에서는 아주 고가이므로 금과 섞어서 합금을 만들 때 쓰이는 금속은 대부분 금보다 저렴한 것들이다. 그러므로 금을 합금으로 만들 때는 무게 못지않게 금의 포함 비율이 중요해진다. 이 비율을 표시하는 것이 캐럿karat이다.

결국 금을 거래할 때는 순수한 금이 포함된 비율을 표시할 방법이 있어야 한다. 물론 백분율을 이용해서 50%, 88% 같은 식으로 표시할 수도 있었겠지만, 전통적으로 금 거래에서는 전체 무게에서 금이 차지하는 비율을 24에 견주어 표시했다. 이때 쓰인 단위가 캐럿karat이고 기호는 첫 글자인 K이다. 캐럿K도 어원은 carat으로 알려져 있다. 24가 기준이 된 것은 4세기 초반 로마 제국의 콘스탄티누스 황제 때 만든 금화의 무게가 24실리케siliquae였던 데서 유래했다고 한다. 유럽 문명은 이래저래 로마 시대의 연장선상에 있다는 점이 잘 드러난다. 24K는 금의 비율이 24/24란 의미이고, 18K는 금의 비율이 18/24인 합금이라는 뜻이다. 한국에서는 흔히 24금金, 18금이란 표현을 많이 쓰는데, 이때 '금'은 캐럿K의 의미로, 24금은 금의 비율이 24/24, 즉 순금이란 의미이다. 18K 금은 무게를 기준으로 18/24=0.75, 즉 75%가 순수한 금이다. 사실 K는 특별한 물리량이 아니라 비율을 의미할 뿐이지만, 금을 거래할 때는 반드시 알고 있어야 한다.

귀금속과 보석을 대표하는 금과 다이아몬드에 빠질 수 없는 단위가 같은 발음을 갖는 carat과 karat이라는 점을 보면, 왠지 이들이 경쟁을 하고 있는 듯한 느낌도 든다. 아마 지금 이 순간에도 많은 사람들이 캐럿과 캐럿의 유혹에 끌리고, 캐럿과 캐럿이 여인들의 마음을 잡으려고 애쓰고 있지 않을까?

진주와 돈

오늘날 쓰이는 대부분의 단위는 서양에서 쓰이던 것이 동양에서도 받아들여진 것이지만, 반대의 경우도 있다. 우아함을 상징하는 보석 중 하나인 진주가 그 주인공이다. 예전부터 귀족이나 유명 인사들은 부와 함께 우아함을 표현하고 싶을 때 진주로 만들어진 장신구를 걸치곤 했다. 물질적으로뿐 아니라 미적으로도 뛰어나고 싶은 욕망은 누구나 마찬가지다. 진주는 구하기 어려운 보석(사실 엄밀히 말하면 진주는 광물이 아니므로 보석은 아니다)이었지만, 1920년대에 일본에서 '진주 왕'으로 불리던 미키모토 코이치가 공 모양의 둥그런 진주를 상업적으로 양식하는 데 성공하면서부터 많이 보급되기 시작했다. 미키모토는 이때부터 전 세계로 양식 진주를 수출해서 세계적인 명성을 얻는다. 오늘날 보석으로 이용되는 진주의 거의 대부분은 양식으로 길러진 것이다.

그런데 일본에서는 오래전부터 사용된 도량형이 있었고, 미키모토도 이 단위를 사용해서 진주의 무게를 쟀다. 그가 사용한 단위는 '몸메匁'라는 것으로 지금도 전 세계적으로 진주 관련 업계에서는 진주의 무게를 표시할 때 'momme'를 이용한다. 그만큼 미키모토 진주의 영향력이 컸음을 보여주는 증거라 할 수 있겠다. 이 몸메라는 단위는 3.75g의 무게를 뜻한다. 우리나라에서도 금을 거래할 때 3.75g을 뜻하는 '돈'을 기본 단위로 많이 사용하는데, 그렇다면 이 둘 사이에는 어떤 관련이 있을까? '돈'은 순수 한국어로 여겨지며, 화폐를 가리키는 '돈money'과 발음이 같다. 그런데 한국이나 일본 모두 3.75g을 가리키는 단위가 중국, 한국, 일본에서 많이 쓰이던 동전의 무게에서 유래했다는 설이 유력하다. 당나라에서 만들어져 대량으로 유통된 동전인 개원통보開元通寶는 이후 한반도와 일본에서 동전을 만들 때도 표준으로 사용되었는데, 이 동전 한 개의 무게가 대략 3.7g 정도였다. 당시 동전의 가치는 동전에 포함된 구리의 가치에 의존했으므로 화폐로서의 가치를 유지하려면 동전의 무게를 되도록 일관되게 유지해야 했다.

실제로 일본에서는 19세기까지 몸메가 화폐의 단위였고 한국에서는 '돈'이 화폐를 가리키는 어휘였던 동시에 무게를 가리키는 단위로도 쓰였다. 일상생활에서 동전 하나의 무게를 기준으로 하는 것이 편리했기 때문이다. 한 '돈'은 말 그대로 '돈(동전) 한 개'라는 말로, 동전 한 개의 무게를 가리키는 것이었다. 그런데 19세기 말, 동아시아의 전통적인 단위계를 미터법에 맞추어 체계적으로 정의하던 시절, 일본에서 1몸메를 3.75g으로 규정했고 한국도 이에 따라 1돈을 3.75g으로 정했다. 또한 한국과 일본에서는 각각 1관과 1칸(둘 다 한자는 貫)을 1,000돈, 1,000몸메로 정하고 있었으므로 결국 한국과 일본의 돈과 몸메는 1,000분의 1관을 의미하는 같은 단위라고 할 수 있겠다.

마이 웨이

감각이란 결국 대상을 무엇인가에 비교해서 판단하는 행위다. 무엇인가의 크기 혹은 가치를 판단하는 일은 적절한 비교 대상을 찾는 일에서 출발해야 하며, 합당한 비교 대상을 찾아내기만 하면 이해도 쉬워진다. 이야기를 할 때도 비교 대상으로 어느 것을 선택하느냐에 따라서 이해가 쉬워질 수도, 어려워질 수도 있다. 주변에서 말주변이 좋다는 소리를 듣거나 잘 가르친다는 평을 듣는 이들이 상황에 딱 들어맞는 사례를 잘 찾아내는 사람들인 경우가 많은 것도 이 때문이다.

그런데 비교 대상으로 무엇을 선택하느냐에 따라 이해가 쉬워지는 것에 더해서, 대상을 다른 것들과 차별화하는 효과도 기대할 수 있다. 특정 대상에만 사용되는 독자적인 단위도 이럴 때 유용하게 사용되는 방법이다. 귀금속 업계는 다이아몬드와 같은 보석의 무게를 표시할 때 그램 대신 캐럿을 쓰고, 석유 업계가 리터 대신 배럴을 쓰는 것도 크게 보면 마찬가지다. 사실 보석의 무게를 그램으로 표시한다고 해서 특별히 문제될 일이 있을 리 없고, 주유소에서 버젓이 리터 단위로 팔리는 석유를 정유사들끼리 거래할 때만 배럴 단위로 해야 할 필연적인 이유 같은 것이 있을 리 없다. 그러나 뉴스에 원유 가격이 언급될 때는 항상 배럴 단위가 사용된다. 독자들로서는 석유란 뭔가 특별한 자원이라는 느낌을 가질 수밖에 없다. 특정 집단이 어떤 대상에 고유한 단위를 쓰는 것은 전통과 관습 때문이기도 하지만 이처럼 자신들을 다른 집단과 구별하는 효과도 분명히 있다.

배럴

석유 업계에서 사용되는 단위 배럴barrel은 원래 술과 같은 액체를 담는 통을 가리켰지만, 동시에 액체의 부피를 지칭하는 단위로도 쓰였다. 오늘날 원유의 양을 가늠할 때 통용되는 1배럴은 미터법으로는 대략

160L 정도의 부피를 뜻한다. 배럴은 국제단위계에 포함되는 단위가 아니지만 미국 정유 회사가 대부분을 점유하는 석유 업계에서는 석유의 양을 재거나 가격을 산정할 때 여전히 배럴을 사용한다. 오늘날은 원유를 수송할 때 유조선이나 파이프라인, 유조차 등을 이용하므로 더 이상 석유를 배럴에 담아 운반하지도 않지만, 그럼에도 석유의 양을 나타낼 때는 여전히 이 단위를 쓰는 것이다.

재미있는 것은 미국에서도 배럴이라는 단위는 석유의 양을 의미할 때와 여타 액체를 의미할 때 그 값이 다르다는 점이다. 석유 1배럴은 42US갤런이지만 석유가 아닌 다른 액체의 부피를 표현할 때의 1배럴은 31.5US갤런을 의미한다. 이를 보더라도 역사적 배경을 떠나서 석유가 특별한 존재인 것은 분명해 보인다.

▲ 배럴은 맥주나 와인을 저장하는 통을 가리킨다. Gerard Prins/wikimedia commons.

마하

전투기와 같이 빠른 비행기의 속도를 나타낼 때 흔히 사용하는 개념으로 마하Mach가 있다. 어떤 비행기의 속도가 마하 2라면 소리의 속도보다 2배 빠르게 난다는 뜻이다. 비행기가 속도의 비교 대상으로 소리의 속도를 선택한 이유는 항공기의 움직임이 소리의 속도에 가까워지면 공기의 흐름에 큰 영향을 받고, 소리의 속도는 공기의 온도에 따라 달라지기 때문이다. 보통 소리의 속도가 1초당 340m라고 이야기하지만, 이는 기온이 15℃일 때의 속도이고, 항공기가 비행하는 높은 고도에서는 소리의 속도가 훨씬 느려진다. 그러므로 km/h와 같이 온도나 음속과 무관한 단위로 항공기의 속도를 표현하면 항공기의 움직임을 나타낼 때 문제가 생긴다. 공기의 온도가 낮아지면 음속이 낮아지므로 항공기의 입장에서 보면 같은 속도로 날고 있어도 주변 공기의 온도에 따라 음속이 낮은 곳에서는 음속에 더 가깝게 날고 있는 셈이 된다. 음속에 가까워지면 충격파가 발생하는 것이 대표적인 현상이다. 결국 소리의 속도 가까이, 혹은 그보다 더 빠른 속도로 날 수 있는 항공기의 경우에는 소리의 속도를 기준으로 속도를 표현하는 것이 공학적으로 훨씬 의미가 있다. 제트 엔진이 장착된 대부분의 군용 항공기의 최고 속도가 마하 1을 넘는 반면에 민간용 여객기의 속도는 마하 1에 많이 못 미치므로 여객기의 비행 정보 안내 화면에서는 굳이 일반인이 익숙하지 않은 마하 단위를 이용해서 속도를 알려주지 않는다.

그런데 일반인을 대상으로 전투기나 미사일 같은 군용 무기의 속도를 알려줄 때 마하 단위를 사용하면, 독자들이 의미를 이해하지 못하더라도 별문제가 되지 않는다. 첨단 무기란 무언가 신비하고 엄청난 기술을 갖고 있는 것으로 보이는 편이 낫기 때문이다. 고속 항공기를 개발하는 과정에서는 음속을 기준으로 속도를 표현하는 것이 과학적으로나 공학적으로나 의미 있고 타당한 방법이지만, 언론을 통해서 일반인에게 항공기의 속도를 홍보할 때 마하라는 단위를 사용하면 적어도 항공기라는 물건은 일반인들이 쉽게 접할 수 있는 이동 수단들과는 격이다르다는 느낌을 어렵지 않게 줄 수 있는 것이다.

매듭이 속도의 단위

바다는 오늘날의 경제에서도 큰 부분을 차지하고 문명의 발전에서도 빼놓을 수 없는 역할을 했지만 대부분의 한국인에게 바다는 미지의 세계에 가깝다. 바다와 관련된 일을 하는 사람들은 자신들이 무엇인가 특별한 분야에서 특별한 일을 하고 있다고 생각할 여지가 많은 것이다. 배의 속도를 표시할 때는 육상에서 움직이는 자동차나 기차처럼 km/h가 아니라 노트knot라는 단위를 쓴다. 노트는 1시간에 1해리海里, nautical mile를 가는 속도를 의미한다. 1해리는 위도 1도의 1/60만큼의 거리로, 1,852m다.

바다의 지도인 해도에는 위도와 경도가 표시되어 있으므로, 해리와 노트를 거리와 속도의 단위로 사용하면 지도에서 두 지점의 위도와 경도를 보고 항해에 필요한 시간을 바로 확인할 수 있었다. 항해에서 해리를 쓰는 것은 허세가 아니라 실질적으로 편리하고, 충분한 이유가 있었던 것이다. 그런데 왜 이름이 노트일까?

영어의 'knot'는 매듭을 의미한다. 그래서 넥타이를 매는 다양한 방법도 knot라고 부른다. 선박에서는 여러 가지 용도로 밧줄이 사용되었고, 용도에 따라 다양한 매듭법이 개발되었다. 특히 돛을 이용하는 배에서는 밧줄의 적절한 매듭을 만들어 묶는 방법이 굉장히 중요하다. 서양의 선박들은 배의 속도를 측정할 때 칩 로그chip log라는 장비를 이용했다. 구조는 매우 간단해서, 부채꼴 모양의 나무 판에 밧줄이 연결되어 있고, 밧줄은 일정한 길이마다 매듭이 지어져 있다. 항해하는 배에서 이 나무판을 바다에 던지면 부채꼴 부분이 물살의 저항을 받아 실타래가 풀려나간다. 일정한 시간 동안 (모래시계를 이용해서) 풀려나간 밧줄에 몇 개의 매듭이 있었는지를 세면 배의 속도를 알 수 있는 것이다. 이 방식으로 측정한 속도는 오늘날과 비교해도 불과 0.02%밖에 차이가 나지 않는다고 한다. 고장 날 염려도 거의 없고, 측정도 간단하면서 정확도도 높은 방법이었다.

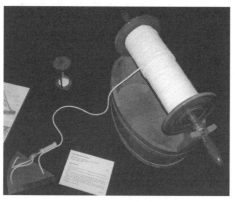

▲ 선박의 속도를 재는 도구인 칩 로그. © R´emi Kaupp, CC-BY-SA, wikimedia commons.

너무나 큰 우주

지구 바깥이라는 어마어마한 공간을 상대하는 천문학자들에게는 킬로미터라는 거리의 단위가 작아도 너무 작은 단위다. 이들이 사용하는 거리의 단위는 빛이 1년 동안 가는 거리를 의미하는 광년光年, light year이다. 천문학자들처럼 광년이라는 단위를 항상 곁에 두고 쓰는 사람들이라 할지라도 1광년의 크기를 짐작하기는 여간 어려운 일이 아니다. 1광년을 킬로미터로 표현하면 대략 9,460,528,400,000km가 된다. 사실 국제단위계는 이처럼 큰 값을 표현하는 데 적절한 접두어를 미리 만들어두었기 때문에 그걸 사용하면 된다. 국제단위계를 사용해서 표현한 1광년은 약 9.46Pm(페타미터)이다.

그러니 우주가 크다고는 해도(우주의 크기라는 것이 정말 있다면) 미터법에서 제시하는 방법을 써서 표현하지 못할 정도는 아니다. 그럼에도 천문학자들이 먼 거리를 표현할 때 광년이라는 단위를 포기할 것 같지는 않다. 광년이 미터법에 의한 거리 표시보다 훨씬 직관적이기 때문이다. 지구에서 달까지는 약 38만km, 태양까지는 약 1억 5,000만km이지만, 지구에서 가장 가까운 켄타우루스자리의 알파별까지는 약 40조 7,000억km(40.7페타미터, 4.3광년)이고, 우주의 크기는 약 $1,892 \times 10^{23}$km(189.2요타미터, 200억 광년) 정도이다. 어느 쪽이 이해하기 쉽고 편리할까? 광년은 천문학에서는 감각적으로 확실한 장점이 있지만, 천문학 이외의 분야에서는 거의 쓸 일이 없으므로(SF 영화에서는 쓸모가 많다) 우주를 다루는 분야를 다른 분야와 차별화하는 용도로는 최고의 도구 중 하나다. 실제 1광년이 어느 정도의 거리인지는 중요하지 않다.

빛이 1년간 가는 거리가 킬로미터로 어느 정도인지가 SF 영화 관객에게 중요할 리 없지 않은가.

우리 은하에서 안드로메다은하까지의 거리

10만 광년

14만 광년

250만 광년
23,651,321,000,000,000,000km

우리 은하

안드로메다 은하

▲ 우주에서의 거리를 킬로미터로 표현하기는 불편하다.

　단위를 통일하기 위해서 오랜 세월에 걸쳐서 많은 노력이 이루어졌지만, 지금도 많은 분야에서 해당 분야에서만 사용되는 단위들이 있다. 여기에는 다양한 이유가 수없이 있겠지만, 공통점으로 '나는 예외'라는 생각을 들 수 있다. 차별화는 자신의 가치를 높이는 데(혹은 높아 보이도록 만드는 데) 효과적이지만, 심해지면 필연적으로 거리감을 만들어낸다. 적절한 거리를 유지하면 좋겠지만, 적절한 거리라고 생각되던 틈이 어느 순간 건널 수 없는 강처럼 벌어지는 일은 순식간에 일어날 수 있다. 과연 다양한 단위들이 그 거리를 적절하게 유지해주고 있는 것일까?

6

단위에
남은 이름

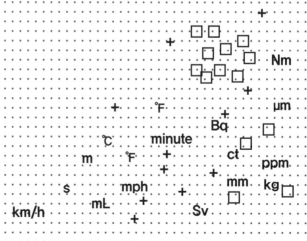

사람이나 사물, 개념에 이름을 붙이는 이유는 오로지 다른 것과 구별하기 위해
서이다. 하지만 실제로는 이름에 이런 기능적인 요소 못지않게 감정적인 요소도
많이 포함된다. 무엇인가를 구분하기만 하면 되는 식별자로서만 이름을 바라본
다면, 새로 태어난 아이의 이름을 짓느라 수많은 부모, 심지어 할머니 할아버지
들까지 머리를 싸맬 이유가 없다. 그저 번호만 붙였어도 아무런 상관이 없을 테
니까. 많은 사람들이 인터넷과 SNS상에서 자신을 가리키는 아이디와 별명을 정
하느라고 고민할 까닭도 전혀 없고, 새로운 상품을 출시하는 기업이 소비자에게
쉽게 다가갈 수 있을 만한 멋지고 쉬운 상품명을 지으려고 큰돈을 들여가며 애
쓸 필요도 없다.

이름을 통해서 가치가 표현되는 것은 수많은 제품의 '브랜드'가 갖는 영향력을
통해서 쉽게 알 수 있다. 특히 고급스러움, 역사, 전통과 같은 가치는 구체적 실
체보다는 이름을 통해서 표현되는 경우가 많다. 하지만 이름의 근본적 역할은
어쨌든 '식별'에 있다. 단위에도 당연히 이름이 있고, 단위의 이름 중에는 누군
가 다른 사람의 이름을 갖다 붙이거나 인명에서 따온 경우도 있다. 인명을 어딘
가에 붙여준다는 것은 당사자로서는 엄청난 영광이다. 특히 단위와 같이 언제까
지나 사용되는 곳이라면 더욱 그러하다.

미스터 섭, 미스터 화

물의 어는점을 0도, 끓는점을 100도로 하여 그 사이를 100등분해 나타내는 온도 표시 방식이 있다. 우리가 섭씨온도라고 부르는 것이 바로 이것이다. 이 체계에 익숙한 사람들은 섭씨온도가 상당히 직관적이라고 여긴다. 그런데 미국에서 주로 쓰이는 화씨온도는 물이 어는점을 32도, 끓는점을 212도로 정하고 두 점 사이를 180등분한 것이다. 이렇게 하면 사람의 체온이 98도가 되므로 체온을 표현할 때 소수점 이하를 쓸 일이 별로 없다. 또한 화씨 0도는 섭씨온도로는 약 영하 18도이므로 화씨로 기온을 표시할 때 영하가 되는 일도 매우 드물다. 섭씨온도에 익숙한 사람들에게는 불편해 보이기 짝이 없는 척도이지만, 나름의 장점이 분명한 방법이다. 그런데 섭씨와 화씨라는 말은 어디에서 왔을까?

물의 어는점을 0도, 끓는점을 100도로 하는 온도 체계는 스웨덴의 천문학자 셀시우스Celsius가, 32도와 212도로 정하는 방식은 독일의 물리학자 파렌하이트Fahrenheit가 고안한 것이다. 그런데 중국어권에서는 이들의 이름을 한자로 표기할 때 Fahrenheit는 華倫海(한국어 발음은 화륜해)로, Celsius는 攝爾思(한국어 발음은 섭이사)라고 쓴다. 중국어에서는 한자 표기의 첫 글자를 마치 성처럼 읽어서 Celsius와 Fahrenheit를 攝氏Mr. 攝, 華氏Mr. 華라고 불렀고, 이를 한국어 발음으로 그대로 옮기는 과정에서 섭씨와 화씨라는 명칭이 만들어졌다. 서구 문명이 동양에 전해지면서 거친 복잡한 과정의 흔적이 적나라하게 드러나는 사례라고 해도 무방할 것이다.

섭씨온도와 화씨온도는 아마 인명이 쓰인 단위 중에서 가장 자주 사용되는 것들이라고 해도 과언이 아니지만, 의외로 섭씨와 화씨가 누구를 가리키는지는, 심지어 사람의 이름이라는 것조차도 잘 알려져 있지 않다. 아마도 한국에서 한자가 과거에 비해서 굉장히 제한적으로 쓰이고, 한자 없이 한글로 음만을 표기하는 풍조도 한몫했을 것이다. 셀시우스와 파렌하이트는 사람들이 가장 친근하게 느끼고 매일 사용하는 단위에 자신들의 이름을 남겼지만, 안타깝게도 한국에서는 지명도가 아주 낮다. 이름을 붙여주었는데도 이름을 잃은 셈이니 아이러니한 일이 아닐 수 없다. 역시 세상은 의도대로 움직이지 않는 곳인가 보다.

그의 이름을 붙여주자

서구에서는 사람의 이름을 무엇인가에 붙여주는 경우가 많다. 크고 작은 도로의 이름도 사람의 이름을 딴 경우가 많고, 창업자의 이름으로 기업의 이름을 짓는 전통도 있다. 심지어 고대 문명의 유산인 알렉산드리아, 콘스탄티노플을 필두로, 근대에 이르러서는 러시아의 상트페테르부르크, 미국의 워싱턴 DC처럼 인명을 따서 이름이 지어진 도시들도 있다.

이처럼 누군가를 기리려는 목적으로 해당 인물의 이름을 어딘가에 붙여주는 문화는 과학 분야에서도 다르지 않았다. 서구에서 탄생한 근대 과학은 발전을 거듭하며 새로운 단위를 계속 만들어내게 된다. 근대 과학 이전까지 쓰이던 단위는 길이, 부피, 무게, 넓이처럼 일상생활에 관련된 도량형이 대부분이어서 명칭의 기원을 알 수 없을 정도로 역사가 오래된 것이 대부분이었다. 또한 최초라고 부를 수 있는 근대적 도량형인 미터법은 여러 사람이 모여서 오랜 시간에 걸쳐 체계적, 조직적으로 만들어나갔고, 각각의 단위에 붙는 이름은 최대한 보편성을 확보하려는 의도에서, 그램이나 미터와 같이 일부러 인명을 사용하지 않았다.

그러나 19세기에 유럽을 중심으로 과학이 급속도로 발전하면서 다양한 발견이 이어졌고, 이제까지 알지 못하던 새로운 물리량을 표현할 단위가 필요해졌다. 새로운 단위가 만들어진다는 것은 새로운 명칭이 필요하다는 의미였고, 과학자들은 이를 기리고 싶은 사람의 이름을 영원히 빛나게 하는 기회로 사용했다. 어차피 이런 단위의 대부분은 당시만 해도 과학자들이나 사용할 것이기도 했다. 이제 새롭게 정의되는 단위에는 관련 분야에 업적을 남긴 사람들의 이름이 속속 붙었고, 이를 통해서 유럽인들은 누군가의 업적을 기리는 자신들의 전통을 충실하게 유지하는 동시에 과학 자체를 서구의 것으로 만들어버리는 효과도 함께 거두었다. 아마 과학에 몸담은 사람이라면 누구나 자신의 이름이 단위에 쓰이는 것 이상으로 영광스럽고 오랫동안 기억되는 방법은 없다고 여겼을 것이다. 가끔은 자신이 그 영광을 누리는 상상을 해보기도 하지 않았을까?

인품보다 업적

그리고 이때 중요하게 생각된 것은 당사자의 업적이지 인품이 아니었다. 만약 이름을 붙일 때 기여한 사람의 성품이나 평판을 고려했다면 많은 단위들은 지금의 명칭과는 달랐을 것이다. 사실 업적을 평가할 때 해당 분야와 관련이 없는 평가는 철저히 배제했다는 면에서 유럽의 분위기는 적어도 한국과는 조금 달랐던 것 같다. 아마도 아인슈타인과 함께 가장 유명한 과학자라고 부를 수 있는 뉴턴은 만유인력의 개념을 도입하며 고전역학을 완성한 사람으로 잘 알려져 있다. 그러나 인간으로서의 뉴턴도 그에 걸맞은 모습을 보여주었을까? 기록이란 것이 완벽하게 공평할 수는 없겠지만, 적어도 다양한 기록에 남은 그의 인간으로서의 모습은 많은 사람을 당혹스럽게 만들 수 있을 정도다.

뉴턴은 강력한 경쟁자였던 로버트 훅의 업적을 수단과 방법을 가리지 않고 가로챘고, 자신이 과학계에서 막강한 영향력을 발휘할 수 있는 위치에 가게 되자 훅과 관련된 기록을 모두 없애버리는 상상 이상의 행동도 서슴지 않았다. 그 때문에 훅은 제대로 된 초상화조차 남아 있지 않다. 한마디로 뉴턴은 과학적 업적과 별개로 인간적으로는 어떤 관점에서 보아도 수준 이하의 인격과 행동으로 유명했었다. 그럼에도 그의 이름은 힘의 단위인 N(뉴턴)으로 당당하게 남아 있다. 만약 뉴턴을 그가 남긴 업적이 아니라 인품으로 평가했다면 힘의 단위 N은 다른 이름을 갖게 되었을지도 모를 일이다. 과학자에게 필요한 능력은 과학연구 능력이었고, 인간으로서의 됨됨이는 부수적 요소로 취급되었다.

단위 올림픽
사실 단위는 지속성이 길기 때문에 단위의 이름을 인명에서 따오면 생각보다 엄청난 효과가 있다. 반면 지명, 건물이나 도로와 같은 인공물의 명칭에 사람의 이름을 붙이는 것은 생각보다 지속성이 길지 않을 수 있다. 후세의 사람들이 언제든 이름을 바꿔버릴 수 있기도 하고, 천재지변이나 전쟁과 같은 사건으로 인해서 그 인공물 자체가 사라질 수도 있기 때문이다. 주로 사회주의 국가에서 일어나는 일이지만, 베트남의 호치민이나 러시아의 상트페테르부르크처럼 정치적 이유로 도시 이름조차 하루아침에 바뀐 사례는 드물지 않다. 물론 일단 정해진 단위의 명칭을 바꾸는 것도 불가능하지는 않겠지만 단위의 명칭은 특정 나라나 조직에서 임의로 정하는 것이 아니기 때문에, 적어도 지금까지는 명칭이 변경되는 사례가 없었고 앞으로도 아마 없을 것이다. 새로운 물리량이 정의되면서 새로운 단위가 과거에 사용되던 단위를 대체하는 경우는 있었지만, 어제까지 A라고 불리던 단위를 오늘부터 B라고 부르는 일은 과거에 없었고 미래에도 있기 어렵다. 지속성이라는 면에서 보자면 단위에 이름을 붙이는 것이 단연코 뛰어난 방법인 셈이고, 누군가의 이름을 기리려는 목적으로 단위에 이름을 붙여주는 것이 최고의 영예를 선사하는 방법인 이유가 여기에 있다.

오늘날 전 세계에서 기준으로 쓰이는 국제단위계[1]의 단위를 보면 m, kg처럼 알파벳 소문자로 표시되는 것과 A(암페어), N과 같이 대문자로 표시되는 것이 섞여 있다. 알파벳 대문자로 되어 있는 단위들은 리터(L)을 제외하고는 모두 누군가의 이름을 따서 만들어진 것들이다. 리터는 소문자 l, 숫자 1과의 혼동을 피하기 위해 특별히 대문자 L을 기호로 사용한다.

국제단위계에 자신의 이름을 남긴 사람은 19명이다. 올림픽 메달 집계하듯 이들을 국가별로 나눠보면 영국 6, 독일 4, 프랑스 4, 스웨덴 2, 이탈리아 1, 헝가리 1, 미국 1의 순서다. 범위를 국제단위계 밖으로 넓혀서 보아도 사정은 비슷하다. 대부분의 단위의 명칭이 18세기와 19세기를 거치면서 확립된 것을 고려하면, 영국, 독일, 프랑스의 기여도가 압도적으로 높고 특히 산업혁명이 처음 일어난 영국의 기여도가 높음을 알 수 있다. 이는 20세기 후반부터 시작된 정보통신기술 분야에 미국에서 만들어진 용어가 대부분인 것과 마찬가지다. 비서구인으로 자신의 이름이 단위에 붙을 뻔했던 유일한 사람은 1949년 일본 최초의 노벨 물리학상 수상자이자 한때 10^{-15}m를 1Yukawa라고 부르자는 의견이 있었던 유카와 히데키이다. 그만큼 19세기와 20세기 초반의 과학은 서구인들의 전유물에 가까웠다. 오늘날에는 보통 10^{-15}를 의미하는 접두사 f(femto, 펨토)를 써서 10^{-15}m를 1fm(펨토미터)라고 부른다.

단위에 자신의 이름을 남긴 사람 중에는 과학과 사업 두 분야에 모두 성공한 경우도 있다. 그야말로 꿩 먹고 알도 먹은 경우다. 독일의 지멘스는 전도율conductance의 단위에 자신의 이름이 붙여지는 영광을 얻었는데, 자신이 세운 회사인 지멘스사가 이후 전기 전자 분야에서 세계적인 대기업으로 성장했다. 최근 전기 자동차로 세계적 관심을 모으고 있는 기업 테슬라Tesla사는 자속밀도의 단위에 이름을 남긴 천재 발명가 테슬라에게서 이름을 딴 것이지만, 안타깝게도 지금의 테슬라사는 과학자 테슬라와는 아무런 관련이 없다. 테슬라 자신은 사업에 성공하기는커녕 힘들게 지내다가 비극적으로 삶을 마감했다.

단위	이름을 딴 사람	물리량	국적
A(암페어)	Ampere	전류	프랑스
K(켈빈)	Kelvin	절대온도	영국
Hz(헤르츠)	Hertz	주파수	독일
N(뉴턴)	Newton	힘	영국
Pa(파스칼)	Pascal	압력	프랑스
J(줄)	Joule	일	영국
W(와트)	Watt	일률	영국
C(쿨롱)	Coulomb	전하량	프랑스
V(볼트)	Volta	전압	이탈리아
F(패러데이)	Faraday	전기용량電氣容量	영국
Ω(옴)	Ohm	전기저항	독일
S(지멘스)	Siemens	전도율	독일
Wb(베버)	Weber	자속磁束	독일
T(테슬라)	Tesla	자속밀도磁束密度	헝가리
H(헨리)	Henry	인덕턴스inductance	미국
Bq(베크렐)	Bequerel	방사능	프랑스
Gy(그레이)	Gray	흡수선량吸收線量	영국
Sv(시버트)	Sievert	선량당량線量當量	스웨덴
℃(셀시우스)	Celsius	온도	스웨덴

▲ 국제단위계의 단위 중 인명이 붙은 것

과학의 역사를 살펴볼 때 자신의 재능을 과학에 쏟아붓거나 과학을 호구지책으로 삼았던 사람은 셀 수 없이 많았지만 불과 19명만이 국제단위계에 쓰이는 단위에 자신의 이름을 올렸다. 자신의 이름을 단위에 남긴 사람은 국제단위계에 포함되지 않는 단위들의 경우를 모두 합쳐도 수십 명에 불과하다. 일반적으로는 과학 분야에서 노벨상이 최고의 권위를 가진 상으로 여겨지지만, 노벨상 수상자는 100년이 넘는 세월에 걸쳐서 매년 물리, 화학, 의학 등의 분야에서 여러 명씩, 지금까지 수백 명이 배출되었다는 점을 감안하면 단위에 자신의 이름이 남는다는 것이 얼마나 영광스런 일인지 실감할 수 있다. 단위에 이름이 붙는다고 해도 비록 노벨상처럼 상금이나 시상식, 시상식 뒤의 거창한 파티가 있는 것도 아니지만, 이들의 이름은 노벨상 수상자의 이름보다 훨씬 오랫동안 기억되고 있다. 작년 노벨 물리학상 수상자의 이름을 기억하는 사람은 드물어도 섭씨라는 이름은 누구나 거의 매일 아침 듣고 있지 않는가?

과학으로 유도하는 친근함

유카와 히데키의 사례에서 볼 수 있듯이, 단위의 명칭에 붙은 인명은 거의 모두 서구인, 백인의 것이다. 사실 18세기 이후 과학의 발전이 거의 서구 문명의 업적이라는 점을 생각하면, 서구인들이 특별히 비서구인을 무시한 것이었다고 보기는 어렵다. 오히려 당시에 다른 문명에 비해서 과학 분야에서 압도적으로 앞서 나아갔던 서구인들이 거둔 영예라고 보는 편이 적절할 것이다.

어찌되었건 아마 자신이 속한 문화권의 사람 이름이 붙은 단위를 사용하는 서구인들의 감각은 과학 분야뿐 아니라 일상생활에서도 우리와는 사뭇 다를 것임에 틀림없다. 만약 단위의 이름에 한국인의 이름이 붙어 있다면 어떨지 상상해보는 것도 흥미로운 일이다. 우리나라의 라디오 방송에서 "오늘도 저희 KBS 1FM 방송을 애청해주셔서 감사합니다. 항상 주파수 93.1 '장영실'에 맞춰주세요"라는 말이 나오는 걸 듣거나, TV 일기예보 프로그램 진행자에게서 "오늘의 최고 기온은 19 '정약용'으로 야외 활동에 아주 적합한 날씨로 예상됩니다. 시청자 여러분도 즐거운 하루 보내시기 바랍니다"라는 멘트를 듣는다면 어떤 기분이 들까? 아마 과학이나 공학은 어려운 것이라는 사람들의 막연한 인식이 줄어들고, 과학에 대해 학생들이 느끼는 친근감이 상당히 올라가지 않을까 싶다. 게다가 전 세계인이 한국인의 인명을 딴 단위를 사용하게 되는 데서 오는 모종의 자부심도 느껴질 것이다.

한국에서는 여전히 많은 사람들이 과학을 외래 문명의 일부로 간주하는 경향이 있는 것 같다. 여기에는 단위가 서구인의 이름에서 비롯되었다는 사실도 한몫하고 있을 것이다. 그런 면에서 서구인들은 과학을 자신들의 고유문화의 일부로 여길 수 있는 보이지 않는 프리미엄을 갖고 있는 셈이다. 과학기술에 필요한 단위 체계는 이미 거의 완성되어 있기 때문에 앞으로 새로운 단위가 만들어지고 거기에 우리가 익숙한 이름을 붙이게 될 가능성은 이전보다야 낮겠지만, 인간의 상상력과 호기심에는 제한이 없는 만큼, 앞으로 또 어떤 새로운 단위가 만들어질지는 아무도 모를 일이다.

이제 한국에서도 업적을 남긴 사람의 이름을 어딘가에 붙이는 데 인색할 필요가 없지 않을까 싶다. 그것도 누군가를 기릴 때는 인품이 아니라 업적으로만 평가해서.

같은 듯 같지 않은 단위들

미국 대 영국

미국과 영국에서는 인치, 야드, 파운드처럼 같은 이름의 단위가 쓰이는 경우가 많기 때문에 두 나라의 단위 체계가 같다고 생각하기 쉽지만 실제로는 약간 차이가 난다. 지금도 엄밀히는 미국과 영국에서 쓰는 1인치와 1파운드가 미세하나마 다르다. 그럼에도 이 두 나라가 같은 이름을 고집하면서 도량형 단위를 유지하는 것을 보면 이들 사이에 일종의 자존심 경쟁이 있는 것이 아닌가 싶기도 하다.

이름은 같은데 두 나라에서 다른 값을 갖는 단위가 각각 쓰인 데에는 역사적 배경이 있다. 대표적으로 영국과 미국은 1960년까지도 미세하나마 1인치의 값을 다르게 정의해서 쓰고 있었다. 같은 도량형에서 시작했으나 시간이 흐르면서 서로 약간씩 단위 체계를 손보는 과정을 거쳐 조금씩 차이가 생겼던 것이다. 결과적으로 영국과 미국에서 이름은 같아도 내용은 다른 도량형이 탄생한 것이다. 그런데 야드나 피트 같은 대부분의 도량형은 그 크기 차이가 미미해서 적어도 일상생활에서는 섞어서 사용해도 괜찮을 정도였지만 부피의 단위인 갤런은 두 나라의 차이가 꽤 컸다. 영국의 단위계에서 1갤런은 약 4.55L인 반면에 미국에서의 1갤런은 약 3.78L로 차이가 무려 20%에 이를 정도다. 게다가 갤런과 함께 액체의 부피를 표시할 때 사용되는 단위들의 명칭인 파인트, 쿼트, 온스 등은 두 나라에서 함께 쓰이지만 이들 단위들 사이의 관계가 또 다르다.

미국 1gallon=4quart=8pint=128fl oz. (1fl oz≒29.57mL)

영국 1gallon=4quart=8pint=160fl oz. (1fl oz≒28.4mL)

▲ 리터(Litres), 미국 갤런(US Gallon), 영국 갤런(Imperial Gallons)으로 용량이 표기된 휘발유 용기.
MJCdetroit/wikimedia commons.

이 정도면 이름만 비슷하지 전혀 다른 단위 체계라고 봐도 될 지경이다. 그러다 보니 이들 두 가지 단위를 구분할 필요가 생겼고 미국에서 쓰이는 갤런, 쿼트, 파인트, 액체 온스(fl oz) 등은 영국에서 쓰이는 단위와 구분하기 위해서 US 갤런, US 파인트, US 액체 온스와 같이 US라는 명칭을 앞에 붙여서 부른다. 그러나 이는 과학적으로 엄밀히 구분할 필요가 있는 경우에나 그런 것이고, 미국 내에서 자신들의 단위를 이런 식으로 부를 리는 만무하다. 휘발유를 갤런 단위로 판매하는 미국 주유소에서 쓰는 갤런은 당연히 US 갤런을 의미한다.

단위에 이름을 남긴 고려

동양에서 척尺은 오랫동안 길이를 나타내는 기본 단위의 대명사처럼 쓰였고, 그로 인해 시대와 지역, 심지어 분야에 따라 다양한 길이의 척이 존재했다. 척은 우리말로 '자'라고도 하는데, 길이를 재는 도구를 '자'라고 부르게 된 것도 여기에서 연유했다. 척의 종류가 다양했던 만큼 이를 구분하기 위해서 별도의 이름을 붙이기도 했다. 당나라에서 쓰던 기준의 척을 당척唐尺, 고구려에서 사용하던 척은 고구려척高句麗尺이라고 불렀다. 고려는 나라 이름에서부터 드러나듯 스스로를 고구려의 뒤를 잇는 국가로 자부했으며 일본에서는 고구려척을 '고려인이 전해준 척'이라는 뜻에서 고려척高麗尺이라고 불렀다. 고구려척이 바다를 건너가 고려척으로 불리게 된 것이다.

금당 벽화로 유명한 사찰인 일본의 호류지法隆寺는 수많은 연구의 대상인데, 일본 내에서도 건축 기술적인 면에서는 이 사찰이 고려척을 이용해서 지어졌다는 설이 있다. 물론 반론도 존재한다. 역사를 연구하는 학자들이 결론을 정해놓고 연구를 진행하는지는 알 수 없으나, 두 나라

사이의 감정적 경쟁이 역사 연구에도 영향을 미치는 것은 분명해 보인다. 사실 이 사찰이 지어진 지는 이미 천 년이 넘었으므로 어떤 기준의 척이 사용되었는지를 분명하게 밝혀줄 문서 자료가 있지 않은 한 진실을 정확히 알아내긴 어렵다. 하지만 고려척이라는 이름이 남아 있는 것만 보아도 고구려의 문화가 한반도를 넘어 일본에까지 전해진 것은 분명하다고 볼 수 있다. 더불어 고려와 일본 사이에 문화적인 교류가 있었다는 사실도 확인할 수 있다.

척은 기원에 따른 종류가 아주 많아서 당척, 주척, 영조척, 고려척 등 여러 가지가 있다. 심지어 일본에서는 분야에 따라서도 다른 척이 사용되기도 했다. 대표적으로 건축과 의복을 만들 때 사용되는 척이 달랐다. 집 짓는 사람이 생각하는 1척과 옷 만드는 사람이 생각하는 1척이 같을 수 없었을 것이고, 한번 달라진 기준은 다시 같아지지 않았다. 특정 분야에 종사하는 사람들이 자신들의 업종에 자부심을 갖는 것은 지금도 어디나 별다르지 않지만, 이처럼 한번 달라진 단위가 저절로 통일되기는 어렵다. 게다가 일본은 한반도에 비해서 지방색이 훨씬 강했던 까닭에, 심지어 같은 분야조차도 지방에 따라 쓰는 척이 달라지기도 했다. 동네마다, 분야마다 길이의 기준이 달랐던 것이다.

그러던 일본은 19세기 중엽에 막부를 무너뜨리고 들어선 신정부가 근대화를 추진하고 도량형을 정비하면서 1척=10/33m로 통일한다. 사실상 미터법을 받아들인 것이다. 그런데 이때 정한 1척의 길이는 기준의 어느 척과도 관계가 없는 완전히 새로운 기준이었다. 하기야 그렇게 해야만 어느 한 가지 척에만 특혜를 베푸는 상황을 피할 수 있기도 했다. 이후 한국도 일본의 지배를 받으며 이 기준에 따랐기 때문에 오늘날 한국에서 통상적으로 척이라고 하면 이것을 가리킨다. 수많은 척이 하나로 자리 잡는 데는 진시황 정도는 아니었다 해도 정책을 강력하게 밀어붙일 수 있는 정부의 역할이 절대적이었던 셈이다.

엄마 찾아 삼만 리

무궁화 삼천 리

〈애국가〉와 〈아리랑〉. 좋아하는지의 여부를 떠나, 이 두 곡은 대외적으로 한국을 대표하는 노래다. 그런데 두 곡의 가사에는 흔치 않으면서 흥미로운 공통점이 있다. 두 곡 모두 가사에 거리의 단위인 '리_里'가 들어 있는 것이다. 〈애국가〉 1절에는 '무궁화 삼천 리 화려 강산'이라는 구절이 있고, 〈아리랑〉에는 '십 리도 못가서 발병 난다'는 대목이 있다. 여담으로, 리里는 미터법의 단위가 아니므로 우리나라에서 통상적으로 사용이 금지된 단위다. 〈아리랑〉이야 전래 민요이고, 〈애국가〉도 관습적으로 국가國歌로 인정되는 곡이므로 법의 잣대를 들이밀기는 힘들긴 하다. 어쨌든 두 곡의 가사는 미터법을 규정하는 법률에 반하고 있다. 아무리 시대가 바뀐다고 해도 '무궁화 1,200킬로미터 화려 강산'이라고 부를 수는 없는 노릇이다.

그렇다면 이들 구절에 나오는 거리 단위로서의 리는 어떤 값일까? 리는 이성계가 조선 태조가 된 후 추진하던 한양 천도와 관련된 이야기에서도 나오는 단위다. 태조의 요청에 따라 새 도읍의 위치로 적당한 곳을 찾던 무학 대사가 지금의 서울 왕십리 부근에서 촌로에게 '10리 里를 더 가시오'라는 의미의 '왕십리往十里'라는 말을 들었다는 것이니, 이 이야기에 따르면 리는 분명히 최소한 500년 전에도 쓰이던 단위다.

그런데 주변의 나이 드신 분들에게 1리가 어느 정도 거리냐고 물어보면 대략 4km 정도라는 대답이 돌아오는 경우가 종종 있다. 그러나 서울 왕십리에서 경복궁이 있는 곳까지의 거리는 40km는커녕 4km에서 5km 사이에 불과하다. 그렇다면 '왕십리'에서 '리'는 4km가 아닌 셈이다. 사실 대부분의 단위 변환기 프로그램에서 1리는 393m 정도로 정의되어 있다. 둘 사이의 차이가 무려 10배다. 이래가지고는 같은 이름의 단위가 세월이 흐름에 따라 조금씩 달라진 것이라고 보기는 어렵다. 지금의 서울 왕십리 지역은 광화문에서 대략 직선거리로 4km 정도 동쪽에 위치하고, 우리나라 남쪽 끝에서 북쪽 끝까지 거리가 1,200km 정도니, 편의상 1리가 400m 정도라고 하고 계산해보면 3,000리=1,200km가 되므로 1리가 약 393m라는 이야기와 얼추 들어맞는다.

그렇다면 1리가 4km라는 통념은 어디에서 생긴 것일까? 답은 일본에 있다. 1891년, 일본은 전통적으로 쓰이던 도량형들을 이름을 남겨두면서 미터법에 의거하여 각 단위의 수치를 명확하게 정의하는데, 이때 '1리=3.927km'로 규정했다. 반면 짧은 기간이나마 독립국의 지위를 유지하던 대한제국은 1902년에 만들어진 '조선 도량형 규칙'에서 '1리=420m'로 규정했다. 이 정의에 의하면 왕십리에서 경복궁까지는 직선거리로 10리 언저리다. 어쨌거나 두 나라의 리 사이에 10배가 넘는 차이가 있었던 것이다. 그러나 대한제국은 1905년 을사조약에 의해서 일본의 보호령이 된 뒤 일본 법률의 영향에서 자유로울 수 없게 되었고, 불과 4년 뒤인 1909년에 일본의 도량형을 전면적으로 도입한다. 그 결과 한반도에서도 공식적으로 '1리=3.927km'가 되며 왕십리는 왕일리 往一里가 되고 만 셈이었다.

삼천 리

이처럼 한국과 일본의 '리'는 이름은 같아도 그 값은 거의 10배 차이가 난다. 그런데 한국과 일본의 리가 3,000리라는 거리를 공유하며 동시에 관련된 사례가 있다. 애국가 가사에도 나오듯이 3,000리라는 말은 한국인에게 특별한 느낌을 준다. 그렇다면 일본인에게 3,000리는 어떤 느낌일까?

우리나라 TV에서도 과거에 인기리에 방영된 만화영화 중에 〈엄마 찾아 삼만 리〉라는 작품이 있었다. 이 작품은 이탈리아의 작가 에드몬도 데 아미치스의 단편 〈아펜니노 산맥에서 안데스 산맥까지〉를 토대로 일본에서 만들어진 만화영화다. 작품의 내용은 한 소년이 이탈리아에서 아르헨티나에 있는 엄마를 찾아가는 고난의 여정을 담은 것이었다. 그런데 일본에서 방영되었을 때의 원제목은 〈엄마 찾아 삼천 리〉였다(이 작품은 30%를 넘기는 시청률을 기록하며 대히트를 쳤다). 원제목에서의 '리'는 일본의 단위 규정에 따라서 대략 4km이므로 3,000리는 12,000km가량이 되고, 이는 이탈리아에서 지구 반대편에 있는 아르헨티나까지의 거리와 얼추 비슷하다. 하지만 한국의 리 개념에 따라 1리가 400m라고 한다면 3,000리는 겨우 1,200km밖에 되지 않는다. 그러므로 작품이 한국에서 방영될 때는 제목이 〈엄마 찾아 삼만 리〉로 바뀌었다. 현재 방영되는 TV 프로그램 중에는 한국에서 일하고 있는 아빠를 만나러 오는 외국인 근로자의 자녀들을 주인공으로 하는 〈아빠 찾아 삼만 리〉라는 프로그램도 있다. 아마도 〈엄마 찾아 삼만 리〉를 기억하는 시청자 계층을 의식한 것이라고 생각되지만, 한편으로는 그만큼 '삼만 리'라는 표현이 한국인에게는 '굉장히 먼 거리'의 대명사가 되었다는 의미라고도 여겨진다.

애국가 가사에도 들어 있을 정도로 '삼천 리'가 국토의 한쪽 끝에서 다른 한쪽 끝까지를 의미하는 대명사처럼 쓰이는 한국인에게, '삼만 리'는 그것이 실제로 어느 정도의 거리인가와 관계없이 '아주 먼 곳'의 의미를 적절하게 전달할 수 있는 숫자와 단위다. 만약 한국의 리와 일본의 리가 10배가 아니라 3배나 5배처럼 전혀 다른 비율로 차이가 났다면 '엄마 찾아 구천 리' 혹은 '엄마 찾아 만 오천 리' 같은 식으로 제목이 완전히 달라졌을 것이고, 제목에서 풍기는 뉘앙스도 많이 달랐을 것이다. 두 가지의 리가 가리키는 거리가 마침 얼추 10배 차이가 났기 때문에 다행히 원제목의 느낌을 비슷하게 유지할 수 있었다. 한편 일본인에게 '삼천 리'는 한국인의 '삼만 리' 정도의 느낌이라서, 대서양을 완전히 가로지르는 엄청난 거리에 가깝다. 지구 반대편을 가리킬 정도로 먼 거리를 뜻하기 때문에 이 작품의 제목으로 아주 적절했던 것이다.

도쿄의 번화가인 시부야의 역 앞 교차로는 1년 내내 엄청난 인파가 오가고, 관광객도 넘쳐나는 곳이다. 이곳의 랜드마크 중 하나로 '삼천리'를 상호로 내세운 '삼천리약품'이 있다. 이 약국이 생긴 것은 1962년으로, 일본에서 〈엄마 찾아 삼천 리〉가 만화영화로 만들어진 1976년보다 훨씬 이전이었다. 그러므로 이 약국이 '삼천리'라는 말을 상호에 쓴 것은 TV 만화영화 〈엄마 찾아 삼천 리〉의 인기와는 아무런 관계가 없다. 이곳의 창업자가 한국과 어떤 관련이 있는지는 분명치 않지만, 적어도 한국인에게는 한국을 상징하는 어휘인 '삼천 리'를 상호로 택하고 간판도 태극기의 푸른색과 붉은색을 사용해서 만든 것은 친숙한 느낌을 갖게 해준다. 동시에 일본인에게는 '삼천 리'라는 어휘가 전 세계 어디에나 닿을 정도로 먼 거리를 떠올리게 한다는 점을 생각해보면, 상호로서 한국인과 일본인 모두에게 다가갈 수 있는 멋진 작명이 아닐까 싶다. '리'라는 단위 하나로 두 나라 국민 모두에게 친근감을 준 셈이다.

학생들 잘못이 아니다

의사소통은 명확함이 생명이다. 자신의 의사를 대충 전달하고 상대방의 의사와 의도를 미루어 짐작할 수밖에 없는 언어라면 소통 수단으로서는 굉장히 부족하다. 물론 명확하게 표현할 수 있는 것을 의도적으로 모호하게 표현하는 것은 언어를 다루는 수법의 한 가지로 존중되어야 한다. 그러나 도량형이나 단위와 같이 객관성이 존재의 이유이자 핵심인 경우에는 각각의 정의가 명쾌해야 함은 물론이고 명칭도 모호함이 없어야 한다. 실제로 도량형이나 물리량, 단위의 명칭과 정의는 그런 방향으로 발전해왔다.

이번에 차를 바꿨는데 힘이 엄청 좋아

자동차를 좋아하는 사람이라면 자신의 차량이나 갖고 싶은 차의 출력 수치에 관심을 가져본 적이 있을 것이다. 자동차 회사는 새로 출시된 차량의 성능이 향상되었다는 것을 보이기 위해 향상된 출력을 광고할 때가 많다. 자동차의 출력出力이란 무엇일까? '힘 력力'자가 들어 있으므로 힘을 뜻하는 것 같기도 하다. 그리고 자동차의 출력 단위로 종종 쓰이는 것이 마력馬力이다. 마력이라는 단위는 글자 그대로 말의 힘을 의미할까? 출력의 단위가 마력이니, 물리 시간에 배운 '힘'을 가리키는 것이어야 될 것 같기도 하다. '힘 력' 자가 들어 있기 때문에 출력과 마력 모두 힘의 일종이라고 생각하는 것이 이상하지 않고, 오히려 달리 생각하는 편이 더 어색한 일이다.

하지만 여기서 마력은 힘의 크기를 나타내는 단위가 아니라 '일률'의 단위다. 잠시 학창 시절의 물리 시간으로 돌아가 정리해보면, 일률은 단위 시간당 수행하는 일work의 양을 뜻한다. 한 달에 300만 원의 소득을 올린 사람이 하루에 얼마씩을 번 셈인지 계산해보듯, 일률은 수행한 일의 양을 시간(초)으로 나눈 값으로, 매 초당 수행하는 일의 양이다.

물리 시간에 힘과 일, 일률을 배우면서 출력, 마력은 힘이 아니라 일률의 개념이라는 것을 헷갈리지 않고 이해하기는 상당히 힘들다. 물리 과목을 어려워하는 학생들이 많지만, 어쩌면 물리가 어려워서라기보다는 용어부터 헷갈리게 만들어놓았기 때문이라고 해야 정확할 것이다. 출력과 마력이라는 용어를 처음 만들어낸 사람들이 누구인지는 모르지만, 솔직히 학생들을 괴롭힐 의도가 아닌 다음에야 이런 식으로 이름을 지어서는 곤란하다. 비단 물리 시간이 아니더라도 이 '힘'이라는 단어는 꽤 많은 혼란을 가져다준다. 보통 '힘이 세다'는 표현은 육체적 힘이 강하다는 의미도 있지만, '권력'이라는 단어에서도 보이듯 '사회적 영향력'이 있다는 의미도 있다. 사실 '권력', '영향력' 모두 힘을 의미하는 '력' 자가 들어 있다. '힘 력' 자 하나가 다양한 용도로 쓰이면서 일으키는 혼동은 그야말로 글자의 힘을 보여주는 것이라고 해야 할까?

서양의 말, 동양의 소

마력이라는 단위는 말 한 마리가 발휘하는 일률을 의미한다. 그렇다면 1마력은 어느 정도의 일률을 의미하는 것일까? 사실 말은 한국인에게 물리량이 무엇이건, 단위가 무엇이건, 힘, 일, 일률 등과 잘 연결이 되지 않는 동물이다. 한국을 포함한 동양에서 예로부터 말은 이동 수단으로서 중요했지, 노동력을 제공하는 용도로 사용되는 경우가 드물었다. 과거에 실제로 어땠는지를 떠나서, 말이 등장하는 사극에서조차도 말이 등장하는 장면은 대개 전투 장면 아니면 급히 소식을 전하는 사람이 말을 타고 달리는 장면 정도다. 적어도 한국이라는 울타리 안에서 보면 말은 일부의 특수한 사람이 타고 다니는 용도로 쓰인 동물이어서 말이 무엇인가를 끌고 다니는 모습은 굉장히 어색하게 다가온다. 하물며 농사에 말이 쓰이는 일은 더더욱 없었다.

▲ 서양에서는 말, 동양에서는 소가 중요한 노동력이었다.

그러나 서양에서는 동양에 비해 말이 훨씬 친숙한 동물이다. 말이 무엇인가를 끌고 있는 모습은 이름 그대로 '말이 끄는 차'인 마차馬車에서도 볼 수 있다. 자동차가 보급되기 이전까지는 말이 주요한 교통수단이었으며 지금도 관광지에서는 마차를 흔하게 볼 수 있다. 그리스 신화의 태양신 헬리오스가 해가 실린 마차를 타고 매일 동에서 서로 달린다고 하는 이야기에서도 알 수 있듯이, 마차는 서구 문명에서는 아주 친숙한 존재다. 산업화 이전, 유럽의 농촌에서는 말을 다양한 노동에 활용했다. 반면, 동양 문명에서는 말을 보기 훨씬 힘들다. 한반도만 하더라도 말을 타고 활을 쏘는 모습이 고구려 벽화에도 남아 있지만, 말이 무엇인가를 끌고 다니는 모습은 좀처럼 찾아보기 힘들었다. 말의 이미지는 무언가를 끌고 다니는 존재라기보다는 사람이 타고 다니는 이동 수단에 가깝다.

그러므로 한국인에게 '말이 하는 일'이라는 개념은 상당히 생소할 수밖에 없다. 동양에서 전통적으로 농사에 필요한 노동력을 제공하는 존재는 사람을 제외하면 말이 아니라 소였다. 만약 가축의 능력을 기준으로 힘이나 일의 단위를 동양에서 정했다면 아마도 말이 아니라 소가 기준이 되었을 확률이 아주 높고, 오늘날의 자동차 광고에는 성능을 과시하기 위해 마력이 아니라 우력牛力이 표시되고 있을 것이다. 일률을 나타낼 때 말을 기준으로 삼았던 이유는 이 개념을 만들어낸 서양에서 말이 실제로 주요한 노동력이었기 때문이다. 전쟁에서 말이 수행한 역할을 다룬 영화 〈워 호스War Horse〉에서도 볼 수 있듯 유럽에서는 농부들은 물론, 심지어 군대에서도 말을 노동력으로 활용한다. 비교 대상으로 삼기에는 보기 흔한 대상이 가장 적합하다는 원칙이 마력이라는 단위에서 아주 잘 드러나고 있는 것이다.

마력 대 킬로와트

휘발유나 경유와 같은 내연기관 자동차의 출력(일률)을 나타낼 때 종종 쓰이는 단위가 각각 독일어와 영어로 마력을 의미하는 ps(Pferdestärke)와 hp(horsepower)다. 실은 이 밖에도 다양한 종류의 '마력'이 존재하지만 이 두 가지가 대표적이다. 이 둘을 국제단위계의 일률 단위인 W(와트)로 표시하면 약간 값이 다르다.

$$1ps \fallingdotseq 0.7355kW$$
$$1hp \fallingdotseq 0.7457kW$$

그러므로 1kW > 1hp > 1ps의 관계가 성립하고, 엔진의 출력을 kW

로 표기하는 것보다는 hp로, hp보다는 ps로 표기하면 더 큰 숫자를 쓸 수 있다. 예를 들어 74.57kW의 출력을 갖는 엔진을 100hp의 출력을 갖는다고 쓸 수도 있고, 101ps라고 표현할 수도 있는 것이다. 자동차 업체가(그리고 어떤 면에서는 소비자도) 어떤 표기법을 선호할지는 불문가지다. 자기 차의 출력이 75kW인 것보다는 100hp나 101ps인 것이 나쁠 리가 없지 않은가?

그런데 머지않아 순수 전기 자동차가 급격히 보급될 것이다. 전기 자동차도 자동차이므로 전기 모터의 출력을 표기할 때 마력을 써서 안 될 것도 없겠지만, 과연 그럴까? 실제로 전기 자동차의 사양을 보면 여전히 ps, kW 두 가지의 출력 단위가 함께 쓰이고 있다. 아직까지는 많은 소비자들이 ps 단위에 익숙해져 있어서 출력을 kW로만 표시해서는 쉽게 이해하지 못하기 때문이다.

그런데 전기 자동차에서 출력 못지않게 중요한 사양은 주행거리와 직접적 관련이 있는 배터리 용량이다. 배터리 용량은 내연기관의 연료탱크 용량에 해당하는 개념이다. 배터리의 용량을 나타내는 단위는 kW에 시간hour을 곱한 kWh다. 말 그대로 1kW의 일률로 1시간 동안 할 수 있는 일의 양을 의미한다. 100kW의 출력을 갖는 전기 자동차의 배터리 용량이 100kWh라면 최대 출력으로 1시간 동안 차를 움직일 수 있다는 뜻이다. 어쨌거나 전기 자동차의 배터리 용량을 L로 표기할 수는 없다. 결국, 전기 자동차의 성능을 판단하기에는 ps나 hp보다 kW가 여러모로 합리적인 단위라는 뜻이고, 소비자 입장에서도 kW라는 단위에 익숙해질 필요가 있다는 의미다. 미래를 준비하려면 미리 마력 대신

kW라는 단위에 익숙해지는 편이 유리할 것이다.

돌리는 힘

수도꼭지나 뚜껑을 돌릴 때처럼 무엇인가를 비틀 때 필요한 물리량을 토크torque라고 부른다. '토크'의 우리말 번역어는 '회전력'이다. 토크는 실생활에서 자주 접하게 되는 물리량이다. 음료수의 병뚜껑을 열 때 필요한 회전력, 자동차가 바퀴를 회전시키는 힘도 토크다. 뚜껑이 단단히 잠겨 있으면 열 때 큰 토크가 필요하고, 짐이 많이 실려 있는 자동차가 출발하려면 바퀴를 회전시키기 위해서 더 큰 토크가 필요하다. 그래서 승객을 많이 태운 버스의 엔진은 승용차보다 토크가 훨씬 커야 한다.

보통 플라스틱 음료수 병의 마개를 따는 데 필요한 토크는 1~1.5Nm (뉴턴미터) 정도다. 일반적인 성인이라면 양손을 이용해서 이 정도의 토크를 낼 수 있다. 그런데 어쩐 이유인지 시중에서 판매되는 병뚜껑이 달린 제품 중에는 성인이라도 어지간히 손목 힘이 센 사람이 아니면 열기 어려울 정도로 만들어진 것도 드물지 않다. 별것 아닌 것 같아도 규정을 명확하게 만들고 적용할 필요가 있는 영역이 아닐까 싶다.

일상적으로 의식하기 어렵지만 토크가 중요한 또 다른 예가 역시 자동차 바퀴에 있다. 자동차의 바퀴를 결합하는 볼트를 조이는 토크도 적절한 수준이 되도록 규정이 있다. 조임이 약하면 나사가 풀어져 사고가 날 수 있고, 지나치게 세게 조이면 부품에 무리가 간다. 대부분의 구조물에서 부품 결합은 볼트와 너트를 조여서 이루어지고 있고, 이 과정

▲ 병을 여는 데 필요한 토크는 1Nm~1.5Nm.

은 안전과 직결된다. 조임의 세기를 정할 때는 토크라는 단위가 사용되는 까닭에, 많은 안전 규격이 토크와 관련이 있다. 이처럼 단위는 일상의 몇몇 분야, 혹은 자연의 탐구 같은 거창한 분야에만 쓰이는 것이 아니라, 사회가 전반적으로 안전과 편리를 확보할 수 있도록 해주는 필수 요소에 가깝다.

7

일상이
편리해지는
단위들

Nm

°F   µm
                 Bq
°C   minute
m   °F   +   ct   ppm
$ mph   mm kg
km/h   mL   Sv

오늘날 우리는 머지않은 과거에 비해서도 엄청나게 늘어난 정보 속에서 일상을 살아간다. 그리고 새로운 정보들은 다양한 단위와 함께 제공되는 경우가 많다. 특히 스마트폰의 속도, 메모리, 배터리 용량처럼 정보가 구체적일수록 더 그렇다. 사용되는 단위의 의미를 이해한다면 해당 정보를 더 유용하게 써먹을 수 있게 마련이다. 지나치기 쉽지만 의미를 좀 더 파악해보면 유용한 단위들은 이 밖에도 많다.

다이어트에도 단위를

피하고 싶지만 주목해야 하는 단위, 칼로리

캐럿이 여자들을 행복하게 만들어주는 단위라면, 그와 반대로 사랑받지 못하는 단위도 있다. 바로 열량을 의미하는 칼로리$_{cal}$다. 요즘은 많은 사람들이 체중 때문에 고민하고, 남녀노소를 불문하고 건강관리에 힘쓰는 사람들은 특히 체중을 적절히 유지하는 데 관심이 많다. 체중은 누구라도 많이 나가도 고민, 적게 나가도 고민이다. 다이어트라는 이름으로 행해지는 대부분의 행동이 결국은 적절한 체중 관리 혹은 체중 감량을 목표로 하는데, 이 과정은 결국 더 많은 운동과 더 적은 음식 섭취를 기본으로 하므로 누구에게나 힘들 수밖에 없다. 식욕은 인간의 본능이고 게으름도 어느 정도는 인간의 본성이라고 본다면, 다이어트는 본성에 반하는 행동을 의미하는 것이다. 그런 행동이 즐겁고 손쉬울 리는 만무하다.

이런 상황에서 맞닥뜨리게 되는 대상은, 그것이 설령 그저 단위일 뿐이라도 예쁘게 보일 리 없다. 체중 조절을 시작한 사람들에게 아주 익숙한 단위가 칼로리다. 여느 단위들과 마찬가지로 칼로리도 그 뜻을 모르고 써도 별 탈은 없지만, 알아서 나쁠 것이 없기도 마찬가지다. 칼로리는 우리말로 '열량熱量'이라고 번역되는 데서 보듯 에너지(=열)의 단위이며, 1cal는 대략 물 1cm^{3}의 온도를 1℃ 높이는 데 필요한 에너지의 양이므로 정의 자체도 열과 관련되어 있다. '대략'이라고 표현한 이유는 물의 온도를 1℃ 높이는 데 필요한 에너지가 물의 온도, 기압 등에 의해 조금씩 달라지기 때문이다.

그런데 단위로서의 칼로리는 식품 이외의 경우에는 거의 쓰이지 않는다. 국제단위계에서 에너지를 표시하는 단위는 cal가 아니라 J(줄)이지만, 자신의 에너지 섭취량이나 소비량을 J로 표현하는 경우는 전 세계적으로 드물다. 다이아몬드의 무게 단위가 그램이 아니라 캐럿이었다면, 식품과 관련된 단위는 전통적으로 어디서나 칼로리인 것이다. 어찌 보면 칼로리는 다이어트에 관심을 갖는 사람들만이 열심히 사용하는 단위라는 점을 보여주는 것일 수도 있다.

그런데 1cal, 즉 물 1cm³의 온도를 1℃ 올리는 에너지의 양은 사람의 음식 섭취와 관련해서 쓰기에는 너무 작은 값이어서, 이 단위를 이용해서 음식의 열량을 표시하면 너무 숫자가 커진다. 그래서 일반적으로 식품과 관련해서 열량을 표시하는 경우에는 cal의 1,000배인 kcal를 많이 쓴다. kcal는 엄밀히 표현하면 '킬로칼로리kilocalorie'라고 읽어야 하지만 통상적으로는 그냥 '칼로리'라고 부르는 경우가 많고, '칼로리(cal)'와 구분하기 위해 대문자 C를 써서 'Cal'라고 표기하기도 한다. 식품 포장에 표시된 칼로리는 거의 대부분 'Cal'라고 보면 된다.

성인은 하루에 식사를 통해서 2,000Cal를 섭취해야 한다고 말할 때의 Cal는 kcal를 뜻하는 것이다. 보통 성인에게 권장되는 하루 에너지 섭취량이 2,000Cal 언저리이므로, 이 정도면 물 20,000cm³(20리터)의 온도를 100℃ 올릴 수 있는 양이다. 사람이 하루에 필요로 하는 에너지의 양은 꽤 많아서, 이처럼 2리터 물병 10개에 담긴 0℃의 찬물을 모두 펄펄 끓게 만들 수 있는 수준에 이른다. 필요로 하는 열량이 많으니,

반대로 열량 섭취를 줄이는 다이어트가 힘들 수밖에 없다는 점은 쉽게 이해할 수 있다. 어지간히 줄여서는 효과가 나기 어려운 것이다.

몸은 칼로리 은행

'칼로리'라는 말은 라틴어로 열을 의미하는 '칼로르calor'에서 따온 것이다. 몸 안에 들어온 에너지가 소비되지 않으면 어떻게 될까? 답은 사실 간단하다. 체내에 들어와서 소비되지 않은 에너지가 열로 변해서 밖으로 나가주면 참으로 좋으련만, 안타깝게도 그런 일은 일어나지 않는다. 남은 에너지는 살로 변한다. 몸은 꽤 정직한 시스템이어서, 은행 예금 계좌의 잔고가 들어온 돈과 나간 돈의 차이만큼 늘어나거나 줄어드는 것과 마찬가지로, 들어온 열량과 소비된 열량의 차이만큼 살이 찌거나 빠진다. 에너지 보존 법칙은 인체에도 어김없이 적용되는 것이다.

입금을 안 했는데 잔고가 늘어나고 출금을 안 했는데 잔고가 줄어드는 계좌가 있을 수 없듯이, 안 먹어도 살이 찌고 먹어도 살이 안 찌는 사람은 없다. 잔고가 변했다면 어디선가 입출금이 있었다는 의미이듯, 체중의 변화가 생겼다면 본인이 느끼지 못하는 열량의 소비가 언젠가 있었든가 자신도 모르게 열량이 축적되는 일이 있었다는 이야기다.

다이어트에 별다른 비법이 있을 리 없다. 체중을 줄이려면 들어온 열량보다 소비한 열량이 많아야 한다. 몸은 한마디로 칼로리 은행이라고 할 수 있고, 칼로리는 몸의 열량 잔고를 체중이라는 숫자로 바꿔서 보여준다. 어쩌면 수많은 여인들에게 바람직한 삶이란 캐럿과 칼로리가 적절히 균형을 이룬 상태가 아닐까? 사람마다 생각하는 균형의 의미는 다를 수 있겠지만 말이다.

kg보다는 %

다이어트를 하고 있는 사람이 더 중요하게 생각해야 하는 것은 어쩌면 칼로리라는 단위가 아니라 %일 수도 있다. 물론 %는 특정한 물리량을 의미하지 않으므로 엄밀하게 말하면 단위는 아니다. 그러면 어떤 점에서 %가 칼로리보다 중요할까?

체중이 80kg인 사람과 50kg인 두 사람이 각각 몸무게를 4kg씩 감량하는 목표를 세웠다고 하자. 어느 쪽이 더 어려울까? 4kg은 체중이 80kg인 사람에게는 몸무게의 5%이고, 50kg인 사람에게는 8%다. 당연히 똑같은 4kg이라도 몸무게가 50kg인 사람에게 훨씬 어려운 감량 목표다. 이런 원리는 한 사람만을 대상으로 해도 동일하게 적용된다. 몸무게가 60kg인 사람이 6kg을 감량하려는 목표를 세웠다고 해보자. 처음 1kg은 몸무게 60kg을 59kg으로 줄이는 것이므로, 비율로 치면 자신의 몸무게의 1/60, 약 1.67%만 줄이면 된다. 그런데 59kg이 된 상태에서 다시 1kg을 줄이려면 1/59, 약 1.69%를 줄여야 한다. 처음 1kg을 줄일 때보다 더 어려워진 것이다. 만약 감량을 성공적으로 진행해서 몸무게가 55kg에 이르러서 1kg만 더 줄이면 되는 상태가 되었을 때는 1/55, 약 1.8%의 체중을 줄여야 하는 상태가 된다. 그러므로 감량이 진행될수록 추가 감량은 더 어려운 목표가 된다.

보통 체중 감량을 목표로 할 때, '한 달에 1kg씩, 5kg을 줄이자' 같은 식으로 동일한 기간 동안 동일한 체중을 감량하는 것을 목표로 하는 경우가 많다. 하지만 이런 식으로 하면 시간이 지날수록 같은 시간 동안에 실제로는 체중을 더 많이 줄여야 된다. 많은 경우에 다이어트가 처음엔 그럭저럭 잘 진행되는 것 같아도 점점 어려워지는 이유가 여기에 있다. 안 그래도 힘든데, 점점 목표를 크게 잡는 셈이기 때문이다.

사실 이는 다이어트 자체의 문제라기보다는 다이어트의 성과를 kg이라는 무게의 단위로 바라보기 때문에 일어나는 현상이다. 만약 한 달에 몸무게 1% 줄이기, 혹은 2% 줄이기라는 식으로 목표를 잡는다면 다이어트 과정에 훨씬 덜 무리가 가고 결과적으로 더 효과적일 수 있다. 다이어트를 계획하고 있다면 kg을 잠시 보조 위치로 밀어두고 %를 주로 사용해보면 어떨까?

맥주 한 잔 마셨을 뿐인데

음주운전은 잠재적 살인 행위에 가깝다. 그래서 어느 나라에서나 음주운전에 대한 태도는 단호하게 마련이다. 음주운전 혐의를 받게 된 운전자들이 많이 쓰는 표현이 '딱 맥주 한 잔밖에 안 마셨어요' 혹은 '소주 한 잔밖에 안 마셨는데…' 같은 것들이다. 공통점은, 술의 종류는 다를 수 있지만 대부분 음주의 단위로 '잔'을 사용한다는 것이다. 하기야 술을 마시는 사람의 입장에서는 잔이나 병 단위로 음주량을 측정하는 것이 가장 합리적이고 편리한 방법이기는 하다. 혹시라도 '저 알코올 3mL 마셨는데요'라고 이야기한다면(음주운전으로 처벌받지는 않는 양이다), 오히려 더 의심을 받을 가능성이 높을 것이다.

그러나 술마다 알코올의 함량은 다르다. 맥주의 알코올 함량은 4.5% 언저리, 소주는 18% 근처다(둘 다 더 높은 경우도 있다). 반면에 증류주인 위스키는 40% 정도에 이른다. 게다가 술의 종류에 따라 사용하는 잔의 크기도 제각각이다. 물론 술의 종류마다 잔의 종류를 맞춰서 마실 필요는 없겠지만, 여기에는 나름 합리적인 배경이 깔려 있다. 각각의 술잔의 크기에 해당 술을 따랐을 때 실제로 담기는 알코올의 양을 계산해 보자.

소주잔 50mL×18%=9mL

맥주잔 200mL×4.5%=9mL

위스키 스트레이트 잔 30mL×40%=12mL

와인잔 대략 200mL×14%=28mL (그러나 와인잔은 크기가 다양하고, 대개 따르는 양도 일정치 않다. 레드 와인의 경우 보통 잔의 1/4 정도 따른다고 보면 9mL 정도가 된다.)

계산 결과에서 바로 눈치 챌 수 있듯이, 어느 술이나 해당 잔에 따라 마시면 실제 알코올의 섭취량은 10mL 언저리이다. 일정한 규칙이 있는 것은 아니지만, 어느 술이나 대략 한 '잔'을 마시면 비슷한 양의 알코올을 섭취하게 되는 것이다. 술잔의 크기 자체가 실제 알코올의 양을 염두에 두고 만들어진 것이라고 보는 게 맞다. 그런 점에서 '잔'은 상당히 실용적인 단위라고 할 수 있다.

참고로, '잔'과 음주운전 처벌의 관계를 알아보는 것도 일부 독자들에게는 요긴할 수 있을 것 같다. 음주운전은 혈중 알코올 농도를 측정해서 판단하는데, 혈중 알코올 농도는 당연히 개인의 혈액 총량과 관계가 있고, 대개 체중과 직접적으로 관계된다. 혈중 알코올 농도 0.05% 이상부터 확실하게 처벌이 되는데, 대략 한 '잔'을 마시면 이 수치에 근접하게 되고, 두 '잔'을 마시면 확실하게 넘는다. 결국 한 잔조차도 절대로 마시면 안 된다는 뜻이다.

술의 종류에 따라 다른 술잔의 크기는 일상에서 쓰이는 도량형이 얼마나 생활에 근거해서 만들어지는 것인지 보여주는 사례이기도 하다. 사실 굳이 외울 필요도 없는 단위라고 해야겠지만.

감각을 숫자로?

감각의 미스터리

보고, 듣고, 만지고, 맛보고, 냄새를 맡는 5가지 감각을 가리켜 인간의 오감이라 부른다. 인간의 감각 중에서 감각기관이 신체 외부에 달린 것은 오감뿐이다. 일부 감각은 몸 안에 감각기관이 있기도 하고, 어디서 감각되는 것인지 아직 모르는 것도 있다. 앞에서도 이야기했지만 대표적으로 가속도 감지 기관은 귀 안에 들어 있다. 이 기관에 문제가 생기면 어지러움을 느끼게 된다. 시간을 감각하는 기관이 어디인지는 아직 알려지지 않았다. 인간이 시간의 흐름을 어떻게 감지하는지는 여전히 미스터리다. 아직까지는 뇌와 신경이 복합적으로 유기적으로 작동해서 느끼는 것으로 여겨지고 있을 뿐, 시간을 감지하는 독립된 감각기관은 찾아내지 못했다. 이 책에서 다룰 내용은 아니지만, 더 놀라운 사실은 아직 시간이 무엇인지조차 정확히 모른다는 것이다.

어떤 감각이건 최종적으로는 뇌에 의해서 인지되는 것이기 때문에, 같은 물리량이라도 사람마다, 때에 따라 다르게 느끼게 마련이다. 뇌는 일관성이 부족한 기관이다. 똑같은 크기의 사물이라도 사람에 따라, 심지어는 같은 사람이라도 때와 장소에 따라 다른 크기로 다가오기도 한다. 한마디로 인간의 감각 능력은 일정하지가 못하다.

인간이 무엇인가를 감지한다는 것은 인체 내부에서 그에 대한 반응이 있다는 의미이므로, 이를 숫자로 바꾸어보려는 시도는 지극히 합리적인 접근이다. 오감에 가속도와 시간을 포함해 7가지 감각을 일으키는 물리량 중 일부는 이와 관련된 단위가 분명하게 만들어져 있다. 빛(눈)은 주파수와 밝기 등의 단위로 표현할 수 있다. 소리(귀)의 크기와 높낮이를 나타내는 단위도 만들어져 있으며, 촉각(피부)은 압력이나 온도, 무게로, 평형감각(세반고리관)은 가속도를 이용해서 체계적으로 표현할 수 있다.

그러나 미각(혀)과 후각(코)은 관련된 물리량이나 단위가 명확하게 정해져 있지 않다. 사실 우리가 알기로는, 맛과 향은 하나의 물리량에 의해서 느껴지는 것도 아니다. 아직까지는 숫자로 표현할 수 없는 감각의 세계가 맛과 향이다. 무엇인가를 안다는 것이 대상을 숫자로 표현할 수 있다는 의미라면, 어떤 대상을 표현할 단위가 아직 없다는 것은 그

대상에 대해서 객관적 접근 자체가 불가능하다는 뜻과 같아진다. 인간에게 감각은 생존에 굉장히 중요한 요소이지만 감각의 수치화는 아직도 갈 길이 멀다. 어쩌면 그 때문에 '인간적인'이란 수식어가 여전히 매력을 유지하고 있는 것인지도 모르겠다.

맛과 단위

논란이 있기는 하지만, 사람이 혀로 느끼는 맛은 기본적으로 단맛, 쓴맛, 신맛, 짠맛, 감칠맛, 지방맛 등이다. 각각의 맛에 대한 감각은 사람에 따라 다르긴 하지만, 이 6가지 맛의 정도를 나타내는 단위가 있을까? 참고로, '맛'이라는 단어가 들어 있긴 해도 매운맛은 아픔을 느끼는 것이고, 떫은맛은 혀의 막이 변형되며 느껴지는 촉각의 일종으로 분류한다. 하지만 매운맛은 의학적으로는 맛이 아닐지 몰라도, 누구나 맵기의 정도에 따라 맛을 분명히 다르게 느낀다. 누구나 맛이라고 느끼는 것을 맛이 아니라고 하니, 과학자들은 어쩌면 다른 우주에 살고 있는 사람들이 아닐까 싶기도 하다. 매운맛이 좁은 의미에서의, 혀로만 느끼는 맛에는 포함되지 않지만, 맛이라는 것이 단지 혀만으로 느끼는 감각이 아닐 수도 있지 않은가. 사실 맛은 미각, 후각뿐 아니라 심지어 시각과 촉각까지 포함하는 다양한 감각이 동원되어 느끼는 복합적인 감각이므로 분석이 더욱 어려운 대상이긴 하다.

어쨌거나 인간의 감각 중에서 아직까지 물리량으로 표현하지 못한 것이 맛이다. 시각(빛), 청각(소리), 촉각(거칠기)은 각각의 감각을 일깨우는 물리량이 무엇인지가 이미 밝혀져 있다. 반면, 냄새와 맛은 코와

혀라는 감각기관이 다양한 화학 성분에 반응해서 느끼는 것이지만, 직접적으로 냄새와 맛을 표현하는 단위는 없다. 요리가 때때로 '예술'로까지 대접받는 까닭도 따지고 보면 맛이 아직까지 숫자로 표현되지 못한 영역이기 때문일 것이다. 혹시라도 맛이나 냄새의 성질에 대한 연구가 의미 있는 결과를 내어, 관련 단위들이 명확하게 만들어지는 세상이 온다면 요리사도 인공지능 요리 로봇과 경쟁을 해야 할 것이다. 만약 "아, 그 요리사가 만든 음식의 맛의 특징은 항상 신맛을 3.5로, 단맛을 5로 유지하는 데 있구나"라고 파악되는 세상이 온다면 요리는 예술이 아니라 단순히 재료의 적절한 혼합에 불과하게 된다. (물론 현실은 이렇게 단순하지는 않을 것이다.)

요리를 숫자로 분석하는 것에 거부감을 느낀다면, 요리에서 매우 핵심적인 요소 중 하나인 온도와 데우기, 끓이기, 숙성 같은 조리에 드는 시간이 명확하게 숫자로 표현된다는 사실을 떠올려봐야 한다. 수프, 커피, 맥주가 맛있게 느껴지는 온도가 분명히 있고, 적어도 0℃에 가까운 차가운 수프, 펄펄 끓는 커피, 뜨거운 맥주가 맛있다는 사람은 보기 어렵다. 그저 음료수는 차게, 밥은 따뜻하게, 고기는 뜨겁게 조리하기만 한다면 맛을 유지하기는 어려울 것이다. 맥주가 맛있게 느껴지려면 몇 도로 보관하는 것이 좋은지 전혀 모르는 상태라면, 더운 여름날 맛있는 맥주를 마시는 것은 행운이 함께하는 사람만 누릴 수 있는 호사가 될 것이다.

맛을 분별하고 감지하는 능력, 음식의 향을 파악하고 조절하는 능력이 수치로 표현되고 비교되는 상황을 반길 요리사는 아무도 없다. 하지만 이런 일이 현실화된다면 음식 만드는 재주가 부족해서 매일 반복되는 음식 만들기를 힘들어하는 수많은 보통 사람들에게는 축복이 될 가능성도 있다. 어쩌면 정말 그렇게 숫자로 맛이 표현되는 날이 왔을 때 가장 곤란해질 사람들은 남이 만들어놓은 음식을 그저 평가하면서 살아온 사람들이 아닐까? 미묘한 미지의 영역이 사라지면 별로 보탤 말이 없게 마련이다. 날씨 평론가라는 직업이 없듯이 말이다.

단 과일이 비싼 과일

맛 중에서 인간이 가장 호감을 갖는 맛은 단연코 단맛이다. 단맛을 좋아하는 정도는 사람에 따라 다를 수 있지만, 단맛 자체를 극단적으로 기피하는 경우는 드물다. 이에 대해서는 아마 단맛을 내는 주성분인 당분이 생존에 중요하기 때문에 사람들이 본능적으로 단맛을 찾는 것이 아닐까 하는 의견도 있다.

단맛을 내는 수많은 재료 중에서도 과일은 단맛이 주요한 가치인 식품이다. 과일의 상품성은 당연히 맛 이외에 외관, 크기 등에도 영향을 받지만, 가장 중요한 요소는 단연코 단맛이다. 과일의 단맛은 과일에 들어 있는 당분의 양에 의해 결정된다. 단맛은 한 가지 성분으로 인해 느껴지는 것이 아니며, 설탕의 단맛보다 수십에서 수십만 배의 단맛을 내는 화합물들도 존재한다. 그러나 단맛이 느껴지도록 만드는 요소가 여러 가지이기 때문에 단맛을 하나의 단위로 표현하긴 힘들다.

그럼에도 마트에 가면 과일의 당도를 나타내는 숫자가 브릭스Brix라는 이름과 함께 적혀 있는 것을 볼 수 있다. 당도를 나타낸 숫자이니 당연히 값이 클수록 더 단맛이 나겠지만, 그 의미를 알고 구매하는 사람은 드물지 않을까 싶다.

과일 매장에서 볼 수 있는 브릭스는 단맛 자체의 정도를 표현하는 것이 아니라, 용액 중 당의 비율을 나타내는 단위다. 술의 도수와 비슷한 개념이라고 보면 된다. 이때 기준은 부피가 아니라 무게다. 설탕물 100g 중에 당이 5g 들어 있으면 브릭스 5도($5°Bx$)라고 한다. 알파벳 대문자로 표시하는 것에서 알 수 있듯이 이 단위도 인명을 단위로 사용하는 것으로, 독일의 과학자 브릭스의 이름을 딴 것이다. 대부분의 과일은 이 값이 5~20을 보인다. 흔히 접하는 과일 중에서는 포도의 브릭스 수치가 높은 편으로 $17°Bx$ 언저리이고 사과는 $13~15°Bx$의 값을 갖는다. 사실 용액 100g 중에서 10~20g이 당분이라고 하면 굉장히 높은 수치다. 국제보건기구WHO나 미국 식품의약국FDA의 1일 당분 섭취 권장량이 50g 이하라는 것을 생각할 때 상당히 많은 양이다. 당이 필요할 때는 과일이 유용하지만, 반대의 경우라면 과일은 피해야 하는 식품인 셈이다. 저녁에 과일을 피하라는 데는 분명한 근거가 있는 셈이다.

그런데 브릭스 수치는 단맛에 비례할까? $10°Bx$인 과일과 $15°Bx$인 과일이 있다면 두 과일의 당분의 차이는 50%에 이르지만, 과연 더 단과일이 다른 것보다 1.5배의 단맛이 느껴질까? 맛의 감각은 여러 가지 다른 성분의 영향도 받기 때문에 단맛이 당의 양에 정비례한다고 보기는 어렵다. 단맛은 당에 의해서만 느껴지는 것이 아니므로 당도와 단맛이 비례하진 않는다. 하지만 브릭스 수치가 올라가는 것에 비례해서, 혹은 그 이상으로 가격이 올라가는 것은 분명하다. 그렇지 않고서야 과일 매장에서 굳이 소비자들이 잘 알지도 못하는 브릭스라는 수치를 표시해놓을 이유가 없을 것이다. 때로는 단위에 대한 지식이 합리적 소비에 도움을 줄 수도 있다.

과일의 브릭스 수치가 높을수록 달긴 하지만 앞에서 언급했듯 브릭스는 단맛 자체를 나타내는 단위는 아니다. 맛은 다양한 화학성분을 인간이 느낄 수 있는 몇 가지 감각으로 변환한 것이지 독립된 물리량이 아니기 때문에, 아직까지 명쾌하게 맛을 나타내는 단위는 만들어지지 않았다. 그러나 만약 미래에 맛을 표현할 수 있는 단위가 만들어진다면 일류 요리사의 레시피, 집안에 전해져 내려오는 음식의 맛, 혹은 소위 맛집의 숨겨진 비밀을 분석하기 쉬워질지 모른다. 그런 세상이 과연 재미있는 곳인지는 모르겠지만.

미세 먼지에 대처하는 우리의 자세

특별한 먼지

인간은 다양한 종류의 자연재해와 함께 살아간다. 재해라는 표현에는 '일어나지 않으면 좋았을' 혹은 '일어나지 않아야 할' 현상이라는 의미가 들어 있다. 하지만 이는 지극히 정상적인 자연현상을 아주 인간 중심적으로 파악한 표현에 불과하다. 화산 폭발, 지진, 태풍, 무더위, 강추위, 폭우, 폭설, 가뭄, 산불(일부는 사람에 의해서 일어나지만), 어느 것이건 자연의 일상적 움직임 중 하나다.

그런데 이런 자연재해 중에서 가장 피해가 큰 것으로 가뭄을 꼽는다. 태풍, 홍수, 집중호우, 지진, 쓰나미, 화산과 같은 재해는 아무리 규모가 커도 피해 지역이 제한적이고, 심지어 피해 지역 안에서도 실제로 피해를 입는 곳과 그렇지 않은 곳의 차이가 클 수 있다. 서울 전역에 엄청난 비가 내려 홍수가 난다고 해도 남산 자락 위에는 직접적 피해가 있기 어렵다. 자연현상과 공평함 사이에는 아무런 관계가 없다. 그러나 가뭄은 피해가 미치는 영역에 예외가 없으므로 여타 재해와 확연히 구분된다. 게다가 가뭄은 농작물과 식수 공급에 영향을 주므로 그 피해는 시차를 두고 모든 사람에게 전해진다. 자연재해 대책 중에서 가뭄 대책에 많은 노력이 투입되어야 하는 데는 분명한 이유가 있는 것이다.

대기오염은 온전히 인간의 작품이지만 가뭄과 특성이 많이 비슷하다. 대기오염이 일어난 지역에서는 연령, 성별, 지리적 위치 등에 상관없이 누구나 영향을 받는다. 대상에 예외가 없다는 점에서는 매우 평등하기도 하다. 대기오염이 문제가 되기 시작한 건 어제오늘의 일이 아니지만, 얼마 전까지만 해도 대기오염은 대도시나 공업 지역을 중심으로 일어나는 국지적 문제의 성격이 강했다. 깊은 산속이나 바닷가에 넓게 펼쳐진 백사장에서 대기오염을 만나보기는 쉽지 않았다. 하지만 미세먼지의 출현은 이런 통념을 바꾸어놓았다. 게다가 한국의 경우에는 미세먼지의 상당 부분이 국내가 아니라 중국에서 발생해서 바람을 타고 유입되므로, 깊은 산속을 찾아가도, 인적이 드문 바닷가에서도, 심지어 바다 한가운데에 있는 백령도에서도 미세먼지의 영향에서 벗어나기 어렵다. 이는 지구의 자전 때문에 한반도 상공의 대기가 기본적으로 항상 중국에서 한국 쪽으로 움직이기 때문이다. 만약 해가 서쪽에서 떴더라면 아마 지금과는 상황이 전혀 달랐을 것이다.

미세먼지의 영향을 덜 받도록 마스크를 착용하는 일이 빈번해진 오늘날, 시중에서 판매되는 마스크에는 미세먼지의 차단 효과를 PM2.5라고 나타내는 제품이 많다. PM은 작은 덩어리 형태로 이루어진 입자상 물질粒子狀 物質, Particulate Matter을 의미하며, PM2.5는 이 중 직경이 2.5μm(마이크로미터) 이하인 것을 가리킨다. PM10을 미세먼지, 이의 4분의 1에 불과한 PM2.5를 초미세먼지로 분류한다. 1μm는 100만분의 1m이므로 2.5μm는 굉장히 작은 크기다. 비교를 위해 다양한 물체의 두께와 직경을 살펴보자.

라면: 약 2mm

샤프심: 0.5mm

머리카락 굵기: 약 0.05~0.1mm

신문지: 약 0.07mm

5만 원권 지폐: 약 0.11mm

꽃가루: 20~50μm

알루미늄 호일: 약 0.02mm

음식 포장용 랩: 약 0.011mm＝11μm

미세먼지(PM10): 0.010mm＝10μm

초미세먼지(PM2.5): 0.0025mm＝2.5μm

인플루엔자 바이러스: 0.0001mm＝0.1μm

미세먼지 입자가 공 모양이라고 한다면 직경이 포장용 랩의 두께 정도밖에 안 되는 것이다. 그런데 미세먼지와 초미세먼지는 직경이 워낙 작아서 어지간한 방법으로는 차단하기가 어렵다. 미세먼지 차단용 마스크가 정말 효과가 있다면 포장에 커다랗게 PM2.5라고 자랑스럽게 써놓을 만한 수준이다. 문제는 미세먼지나 초미세먼지가 마스크의 면을 통과하지 못할 수는 있지만, 마스크와 얼굴 사이의 틈으로 마음껏 드나든다는 점이다. 마스크의 주변 부위가 얼굴에 완전히 밀착되지 않고서는 실질적으로는 마스크가 가진 효과를 전혀 기대하기 어려운 셈이다.

PM은 미세먼지와 같은 다양한 물질의 크기를 가리키는 용도의 말로 만들어진 것이지만 일반인에게는 미세먼지의 크기를 알려주는 전용 단위처럼 쓰인다. 별로 반갑지 않은 단위가 된 셈이다. 사실 미세먼지의 크기를 표현하려고 굳이 PM 같은 새로운 단위를 만들어내야 할 필요는 없다. 하지만 '직경 2.5μm 이하의 초미세먼지 차단'이라는 표현과 'PM2.5 차단'이라는 표현은 같은 의미임에도 분명히 뉘앙스의 차이가 존재한다. 먼지도 '0.2g짜리 다이아몬드와 1캐럿 다이아몬드'와 다를 바 없는 것이다. 미세먼지는 그저 먼지일 뿐이지만 특별한 취급을 할 필요가 있는 먼지로 자리 잡고 말았다.

일기 예보

한반도는 다른 나라들과 비교해보아도 1년 동안의 기후 변화가 유별나게 심하고, 작은 면적에 비해 지역에 따른 기후와 날씨의 차이가 상당히 크게 나는 곳으로 꼽힌다. 그러다 보니 날마다 일기 변화도 심해서, 일기 정보의 중요성이 더 높아진다. 사실 일기 예보만큼 '숫자로 말하지 않으면 잘 모르는 것이다'라는 말의 의미를 잘 보여주는 사례도 찾기 힘들다. 일기 예보에는 아침 최저기온, 낮 최고기온과 같은 공기의 온도를 나타내는 섭씨온도(℃), 바람의 세기를 속도로 알려주는 m/s, 파도의 높이를 알려주는 m, 습도와 강수확률을 나타내는 %, 비나 눈의 강수량을 나타내는 mm 등 다양한 단위가 등장한다. 게다가 최근에는 미세먼지와 같은 오염 물질의 공기 $1m^3$당 무게를 알려주는 $\mu g/m^3$, 구성 비율을 나타내는 ppm(백만분의 얼마) 등의 단위도 일기 예보에 등장하고 있다.

일기 예보의 각 항목에 단위가 있다는 것은 해당 정보를 숫자로 알려주겠다는 의미다. 그렇지 않다면 단위를 사용할 이유도 없다. 만약 일기 예보나 기상 정보에 숫자를 사용하지 않는다면 어떻게 될까? "오늘은 때때로 곳에 따라 구름이 끼고 비가 내리는 곳이 있겠습니다. 바람이 세게 부는 곳도 있으며 미세먼지가 약간 유입되겠습니다"라는 표현에서 얻을 수 있는 정보가 무엇일까? 도움이 되지 않는 것은 물론이고, 많은 사람들을 분노케 하기에 충분하지 않을까 싶다.

한 시간에 10mm의 비가 온다면

일기 예보에 쓰이는 단위들은 대부분 직관적으로 이해가 가능하지만, 강우량의 단위가 길이의 단위인 mm라는 것은 언뜻 보아서는 이상해 보일 수 있다. 이는 빗물을 바닥이 평평하고 단면이 일정한 모양의 통에 받는다면 통의 모양에 상관없이 같은 시간 동안 모인 빗물의 높이가 똑같기 때문이다. 원통, 사각기둥 통, 삼각기둥 통 어떤 것이라도 마찬가지다. 물론 실제의 강우량 측정기는 물의 증발 효과를 억제해야 하므로 단순히 바닥이 평평하기만 한 통 모양은 아니다.

그런데 10mm의 비가 왔다면 어느 정도의 양일까? 고작 10mm라고 생각할 수도 있다. 강우량 10mm는 비가 내린 지역 어디에서나 1cm만큼의 물이 차오를 정도의 비가 왔다는 뜻이다. 축구장처럼 넓고 평평한 곳에 전체적으로 1cm의 물이 차 있다면 그다지 많은 양이라고 생각되지 않을 수도 있으나, 낮은 곳으로 흘러서 모이는 물의 성질을 생각하면 문제는 간단하지 않다. 도시나 지표면의 모습은 전혀 평평하지 않으므로 낮은 곳으로 모인 빗물의 양은 상당히, 지형에 따라서는 엄청나게 많아지게 된다.

또한 땅의 모양뿐 아니라 지표면의 특성도 굉장히 큰 영향을 미친다. 계곡이 있는 지역에 내린 10mm의 비와, 모래만 펼쳐져 있는 사막에 내린 10mm의 비가 끼치는 영향이 같을 수가 없다. 계곡에서는 모든 물이 모여들어 엄청난 흐름이 될 수 있고, 사막에서는 물이 곧바로 땅속으로 흡수되어 물의 흐름이 전혀 만들어지지 않을 것이다. 도시처럼 지표면 거의 모든 곳이 아스팔트와 시멘트로 포장되어서 빗물이 흡수되기보다는 대부분 낮은 곳으로 모여들기만 하는 곳은 굳이 비교하자면 모래사장보다는 계곡에 훨씬 가깝다.

강우량에 대해서 한국 기상청과 일본 기상청은 동일한 기준을 사용한다. 의외로 들릴지 모르겠지만, 이 기준에 따르면 1시간에 10mm 이상의 비가 내리면 많은 양의 비가 내리는 것으로 본다. 일반적으로 비가 '억수같이' 온다고 표현하는 수준이 시간당 20~30mm 정도의 비가 오는 정도다. 시간당 30mm가 넘으면 도시에서는 하수관이 역류할 수도 있는 수준이다. 여기서 핵심은 비의 강도를 측정할 때는 강우량 전체가 아니라 시간당 강우량, 다른 말로 하면 비가 오는 속도를 측정한다는 점이다. 같은 10mm의 강수량이라도 시간당 10mm와 하루에 10mm의 비가 내린 것의 차이는 매우 커서, 하루에 10mm 정도의 비가 내리면 비가 왔다는 것을 거의 느끼기 힘든 수준이 된다. 비로 인한 영향이 우려되는 강한 비의 기준은 해당 지역의 지형적 특성과 배수시설에 따라 달라질 수밖에 없다. 한국에서는 시간당 10mm 이상의 비가 오면 많은 비가 온다고 받아들이면 된다는 것을 기억하면 편리하다. 언뜻 들어서는 고작 10mm라고 생각할 수도 있지만 그렇지 않다.

연비를 금액으로 환산하려면

나라마다 다른 연비 표기법

자동차는 구입비용이 높기도 하지만, 유지하고 사용하는 데도 적지 않은 돈이 필요한 물건이므로, 많은 사람들은 연비燃比 fuel efficiency가 좋은 차를 선택하려고 노력한다. 연비는 차량이 연료를 소비하는 정도를 가리키는데, 나라에 따라 조금씩 표현 방법이 다르다.

연비를 표현하려면 거리와 연료의 양을 표시하는 단위가 필요하다.

한국에서는 주로 1리터의 연료로 어느 정도의 거리를 주행할 수 있는지를 나타내는 km/L가 쓰인다. 미국에서는 거리의 단위로 마일을 을 쓰고, 액체의 부피를 측정할 때는 갤런을 사용하므로 1갤런의 연료로 주행할 수 있는 거리를 마일로 표시하는 mpg(mile per gallon=mile/gallon)을 사용해서 연비를 나타낸다. km/L와 mpg은 모두 일정 거리당 필요 연료를 의미하는 것이므로, 둘 사이에는 1mpg≒0.43km/L라는 일정한 비율의 관계가 성립한다.

한편 유럽에서는 연비를 표시할 때 한국이나 미국과는 반대로 일정한 거리를 가는 데 어느 만큼의 연료가 소모되는지를 나타내도록 하므로 연비의 의미가 한국이나 미국과는 반대가 된다. 연비의 단위로 km/L가 아니라 L/km를 쓰는 것인데, 그것도 1km를 가는 데 필요한 연료의 양이 아니라 100km를 주행하는 데 필요한 연료의 양을 표시하는 L/100km가 쓰인다. 그러므로 유럽식 방식으로 연비를 표시하면 값이 작을수록 연료를 적게 소비하는 차량이고, 한국과 미국식 표기법에 따르면 숫자가 클수록 효율이 높은 차량이 된다. 세 가지 방법 모두 연료의 소비 효율을 표현하기 위한 방법이지만 조금씩 의미가 다른 것이다.

이처럼 연비 표시 방법이 다르기 때문에 운전자가 연료를 바라보는 시각도 전혀 달라져버린다. 서울에서 강릉을 자동차로 왕복하는 여행을 계획하는 경우를 생각해보자. 편의상 서울에서 강릉까지의 거리를 200km, 내 차의 연비는 12km/L라고 가정하자. 출발할 때 확인해보니 연료가 거의 없어서 주유소에 갔다. 강릉을 왕복할 만큼의 연료를 넣으려면 몇 리터나 주유해야 할까? 연료비가 1L에 1,400원이라면 얼마만큼을 넣어야 하는 것일까?

이런 계산에 12km/L라는 내 차의 연비를 활용해서 연비를 이용해서 답을 구할 수 있다. 서울에서 강릉까지의 거리 200km를 12km/L로 나누면 필요한 연료의 양이 구해진다. 200km÷12km/L=약 16.7L의 연료가 필요하다는 답이 얻어진다. 거리를 연비로 나누면 필요한 연료량을 알 수 있는 것이다. 대신 나누기를 잘해야 한다.

한편, 유럽식 연비 표기법으로 연비가 8L/100km인 차량이 있다고 하면 어떻게 될까. 100km 가는 데 연료 8L가 소비되므로 200km 가는 데 필요한 연료는 16L다. 이때는 거리와 연비를 100단위는 빼고 곱해서 8×2=16이라는 답을 얻을 수 있다. 산술적으로는 한국식이나 유럽식 어떤 것을 이용해서도 필요한 연료의 양을 구할 수 있지만, 한쪽은 나누기, 다른 한쪽은 곱하기를 하는 차이가 있다. 두 방식 사이에 근본적인 우열이 있다고 할 수는 없다. 그러나 보통 암산으로 계산을 할 때는 곱하기 쪽이 쉽기 때문에 유럽식 방법이 실용적인 면이 있는 것도 사실이다. 장거리 자동차 여행이 활성화되어 있는 유럽에서는 이런 연비 표시 방법을 쓰면 필요 연료량을 계산하기가 더 편리하다. 나누기가 곱하기보다 더 쉽게 느껴지는 사람은 아마 거의 없을 테니까.

연료비를 생각하면

연비가 중요한 정보이긴 하지만, 운전자들이 가장 알고 싶은 정보는 어쩌면 연료 1L당 주행거리도, 100km 주행에 필요한 연료의 양도 아니라, 자신이 연료비로 얼마를 지불해야 하느냐일 것이다.

연비가 10km/L인 차량과 12km/L인 차량은 연료비가 어느 정도 차이가 나는 것일까? 계산이 약간 헷갈릴 수 있으니 주의하자. 한 달에 1,000km를 주행한다고 가정하면 연비가 10km/L인 차량은 1,000/10=100L, 12km/L인 차량은 1,000/12, 그러니까 약 83.3L의 연료를 소비한다. 편의상 휘발유 1L의 가격을 1,000원이라고 하면, 연비가 10km/L인 자동차는 연료비로 한 달에 1,000×100=100,000원, 연비가 12km/L인 자동차는 83.3×100=83,300원의 비용이 든다.

그러나 사실 km/L로 표기된, 연료 1L당 주행거리를 나타내는 한국이나 미국식 연비 표기 방식을 이용해서 필요한(혹은 일정 거리를 주행한 후 소모한) 연료비를 암산으로 계산하기는 쉽지 않다. 반대로 유럽식 연비 표기 방법은 주행거리가 아니라 필요 연료량을 나타내므로 필요 연료량과 연료비 계산을 더 쉽게 할 수 있다. 한마디로, 유럽식 방식은 연료의 양과 연료비를 계산하는 데, 한국과 미국식 표기법은 연료당 주행거리를 계산하는 데 더 적합하다.

눈과 렌즈

오늘날엔 성인 중에선 안경을 착용한 사람의 비율이 엄청나게 높다. 수십 년 전만 하더라도 중장년이 되기 전에 안경을 써야 하는 인구가 지금처럼 많지 않았고, 안경을 쓴 학생이 한 학급에 한두 명에 불과할 정도였다. 눈은 인간에게 가장 중요한 감각기관이라고 해도 과언이 아니다. 또한 사람은 눈에 대한 보호 본능을 갖고 있다. 일부 학자들은 사람이 죽음에 대한 공포보다 시력을 잃는 것에 대한 공포가 더 크다고 주장하기도 한다. 예를 들어 안전사고가 우려되는 환경에서 주의를 환기시키기 위해 "주의하지 않으면 사망 사고가 일어날 수 있습니다"라고 안내문을 써놓는 것보다 "주의하지 않으면 실명할 수 있습니다"라고 하는 편이 훨씬 더 효과가 있다는 이야기다. 적어도 나는 후자의 이야기가 훨씬 더 실감나게 와 닿는다. 그러면 눈과 관련된 단위를 살펴보자.

시력 1.0의 의미

시력을 2.0, 1.5, 1.0, 0.9, …, 0.1 하는 식으로 표시하는 방법은 누구나 익숙할 것이다. 초등학교에서부터 시력 검사를 하면 항상 이런 숫자를 받아 들게 된다. 하지만 이 숫자의 의미가 무엇인지를 알려주는 학교는 드물고, 알고 있는 학생은 더욱 드물다.

시력은 화각이 1′(1분, 1/60도)인 물체를 식별할 수 있는 능력을 1로 정한 것이다. 시력에는 단위가 없지만, 시력을 정의하는 데는 1′이라는 각도 개념이 들어간다. 이렇게 정의하면 대상 물체의 절대적 크기와 물체와 눈 사이의 거리를 특정 값으로 정해놓을 필요가 없게 된다. 흔히 시력 검사에 쓰이는 다양한 크기의 C자 모양의 도형이 그려진 표는 5미터에서 6미터 사이의 거리에서 쓰도록 만들어진 것이다. 이 값을 기준으로 같은 물체를 1/2, 즉 0.5배 거리에서야 구분할 수 있다면 시력이 0.5라고 표현하는 것이다. 그러므로 시력은 '기준에 대한 비율'

을 의미하고 단위가 없는 지표가 된다. 눈이 아주 좋으면 기준보다 더 뒤로 떨어져도 물체가 구분된다. 이런 사람의 시력은 1보다 커진다. 시력 검사표에는 2.0 이상의 시력은 없지만, 눈이 아주 좋다면 시력이 2.0 이상일 수도 있는 것이다.

근시와 마이너스

시력은 물체를 파악할 수 있는 거리의 비율이니 항상 양수일 수밖에 없고, 아직 시력이 쇠퇴하지 않은 젊은이가 아닌 성인들은 대부분 1보다 작은 값을 보이기 쉽다. 그런데 어떤 사람들은 자신의 시력이 '마이너스'라고 한다. 어떤 경우일까?

시력과 관련해서 눈에 나타나는 이상은 여러 가지가 있지만, 그중 청소년층에서 흔한 것은 가까운 곳은 잘 보이고 먼 곳은 초점을 맞추지 못해 잘 보이지 않는 근시近視다. 근시는 오목렌즈를 이용해서 교정이 가능하다. 반대로 먼 곳에는 초점을 맞출 수 있으나 가까운 곳에는 초점을 맞추지 못하는 원시遠視를 교정하려면 볼록렌즈를 이용한다.

렌즈는 빛을 굴절시키는, 즉 빛의 진행 방향을 변경하는 도구다. 만약 렌즈의 굴절 능력이 0이라면 빛의 진행에 아무런 영향이 없으니, 이런 렌즈를 통해서 바라보는 모습은 그냥 맨눈으로 보는 것과 마찬가지다. 굴절 능력이 0인 렌즈를 만들어서 대체 어디에 쓸까 싶지만, 사실세상에서 가장 많이 쓰이는 렌즈는 굴절 능력이 0인 렌즈다. 바로 창문에 쓰이는 평평한 유리다. 창밖의 모습이 왜곡되어 보인다면 좋은 유리라고 할 수 없지 않겠는가.

렌즈의 굴절 능력을 표시하는 지표가 디옵터diopter다. 디옵터는 렌즈의 초점거리의 역수이고, 볼록렌즈에서는 렌즈를 중심으로 빛의 진행 방향과 같은 쪽인 렌즈의 뒤쪽에, 오목렌즈에서는 렌즈의 앞쪽에 초점이 위치한다. 렌즈의 위치를 0으로 정한다면 볼록렌즈는 플러스 값을 갖는 쪽에, 오목렌즈는 마이너스 값을 갖는 쪽에 초점이 위치하게 되는 것이다. 디옵터는 초점거리의 역수이므로 단위는 1/m이고 오목렌즈에서는 항상 음수, 볼록렌즈에서는 항상 양수의 값을 갖는다. 그러므로 근시인 사람에게 맞는 렌즈의 디옵터 값은 항상 마이너스다. 근시인 사람 중에 자신의 시력이 마이너스라고 이야기하는 경우가 있는데 이는 자신의 디옵터 값을 시력으로 착각해서 잘못 알고 있는 것이다. 근시의 경우에는 착용하는 렌즈의 디옵터 값이 (당연히) 음수가 되고, 근시가 심할수록 이 값은 커진다. 심한 근시일수록 디옵터가 큰 마이너스 값을 보이는 것이다.

사실 음수는 개념적인 것이어서 무엇인가의 값이 음수가 되면 양수일 때보다 좀 더 심각하게 느껴진다. 기온이 영상 1℃인 것과 -1℃인 것은 실질적으로 2℃의 차이밖에 없지만 심정적으로는 굉장히 큰 차이로 다가오는 것과 마찬가지다. 기온이 1℃일 때나, 3℃일 때나 갖추어 입는 옷은 거의 차이가 없지만, 기온이 -1℃이다가 다음날 1℃가 되면 옷을 좀 가볍게 입어도 된다는 생각이 들기 쉽다. 물론 영상의 기온이 되면 얼음이 녹기 시작하겠지만, 그건 얼음의 경우에나 그런 것이고, 사람으로서는 어차피 2℃의 기온 차이를 크게 느끼긴 어렵다. 마찬가지로 근시인 경우에는 안경의 디옵터 값이 음수이므로 근시인 사람들, 특히 근시가 아니었다가 처음으로 근시 판정을 받는 사람들은 마치 굉장히 눈이 나빠진 것처럼 느낄 수 있는 것이 아닌가 싶다.

시력과 디옵터 개념에 핵심적인 단위는 각도와 미터로 표시한 거리다. 디옵터의 개념을 제안한 사람이 프랑스의 안과의사 페르디낭 모누아예였으므로 디옵터는 처음부터 미터법을 따라 미터 단위를 썼다. 이런 연유로 거리의 단위로 좀처럼 미터를 쓰지 않는 미국에서조차 디옵터의 단위를 1/ft나 1/yd로 바꾸지 않고 1/m을 사용한다.

눈 좋은 카메라

디지털 카메라와 스마트폰의 보급으로 인해 많은 사람들이 카메라의 성능에 관심을 갖게 되었다. 카메라 성능을 판단할 때, 카메라가 만들어내는 사진의 해상도를 결정하는 화소畵素, pixel의 수를 중시하는 경우가 많지만, 그 못지않게 중요한 것이 영상을 촬영하는 소자의 크기와 렌즈의 성능이다. 특히 렌즈는 영상 촬영 소자에 상이 맺히도록 하는 도구이므로, 아무리 화소가 높고 크기가 큰 촬영 소자를 사용한다고 해도 카메라의 성능은 렌즈의 성능을 넘어설 수 없다.

렌즈의 특성을 표현하는 대표적 지표는 초점거리와 밝기다. 카메라 렌즈의 초점거리는 근시용 안경이나 원시용 안경의 초점거리와 개념이 같다. 다만 모든 카메라 렌즈는 초점이 렌즈 뒤쪽에 맺혀야 하므로 기본적으로 볼록렌즈와 마찬가지로 디옵터 값이 항상 양수가 된다. 렌즈의 밝기는 초점거리를 렌즈의 직경으로 나눈 것이다. 초점거리와 렌즈의 직경은 모두 단위가 미터이므로 렌즈 밝기에는 단위가 없다. 초점거리와 디옵터는 서로 역수이므로 렌즈의 밝기는 디옵터와 렌즈 직경의 비율이기도 하다.

    결국 같은 초점거리의 렌즈라면 렌즈의 직경이 클수록 밝은 렌즈가 된다. 렌즈가 밝다는 것은 빛을 더 많이 받아들일 수 있다는 의미이고, 이는 카메라의 촬영 소자에게는 좋은 조건이 된다. 밝은 렌즈는 어두운 곳에서도 영상을 만들어낼 수 있으므로, 한마디로 광학적 측면에서만 보면 밝은 렌즈가 더 바람직한 렌즈인 것이다. 하지만 세상에 공짜는 없다. 렌즈가 밝을수록 커야 하고, 렌즈는 크기가 클수록 가격이 빠

▲ 야드파운드법이 일상적인 미국에서도 카메라 렌즈는 초점거리가 밀리미터 단위로만 표기되어 판매된다.

르게 올라간다. 그래서 자신이 필요로 하는 렌즈의 적절한 성능이 어느

정도인지를 잘 판단해야 한다.

거리와 길이의 단위에 미터나 센티미터와 같은 미터법 표기를 거의 쓰지 않는 미국에서도 카메라 렌즈의 초점거리는 모두 밀리미터로만 표시되어 있다. 한국에서 TV의 화면 크기를 센티미터로 표시하는 일이 어색하듯, 미국에서는 카메라 렌즈의 초점거리를 밀리미터로 나타내는 일이 어색할 것이다. 미국에서조차 인치 대신 밀리미터가 쓰이는 경우는 굉장히 드문데, 여기에는 카메라가 역사적으로 독일을 중심으로 한 유럽과 일본이 주요 생산국이었던 것이 큰 이유일 것이다.

땅은 든든해야

땅이 흔들리고 갈라지는 현상은 우리나라에서는 좀처럼 접하기 힘들지만 지진이 많은 일본과 같은 곳에서는 종종 일어나는 현상이다. 그러나 한국에서도 지진이 매년 드물지 않게 일어난다. 다만 대부분의 경우 사람이 인지하기 어려운 정도에 머물 뿐이다. 지구는 속을 알 수 없는 사람과 비슷해서, 겉은 어떤지 몰라도 속은 타오르는 불덩어리이고, 언제 어디서 어떤 지진이 발생할지를 미리 알기란 매우 어렵다.

최근의 지진 중에서 한국인의 뇌리에 강하게 남아 있는 지진으로 2011년 3월의 동일본 대지진이 있다. 그 이후로도 전 세계에서 큰 지진이 몇 차례 일어났지만, 아무래도 가까운 이웃 나라에서 일어난 지진인데다가 해일로 인한 피해도 컸고, 특히 원자력 발전소의 피해 장면이 생생하게 보도되었기 때문이 아닌가 싶다. 대부분의 지진이 그렇듯 이 지진도 발생 지역에 커다란 피해를 입혔고, 특히 지진과 해일에 타격을 입은 후쿠시마 원자력 발전소가 폭발하는 장면은 실시간으로 전 세계에 중계되면서 강렬한 인상을 남겼다. 이 지진으로 인한 피해는 여전히 현재 진행형이기도 하다. 사고 이후 주민 피난 지시가 내려졌던 13개 지역 중 여러 지역은 여전히 피난 지시가 풀리지 않고 있으며, 해제된 지역도 복귀하는 주민의 수가 매우 적어서 실질적으로 지역 사회가 복구되기는 어려워 보인다. 해당 지역 주민들은 아직 집으로 돌아가지 못했거나, 집이 있던 곳이 봉쇄됨으로써 영영 돌아갈 수 없는 처지에 놓인 이가 많다.

지진 자체는 짧은 시간 동안 일어나는 현상이지만, 건물을 비롯해서 도로, 전력, 상하수도 같은 기반시설이 파괴되는 경우가 많기 때문에 사회적 여파가 상당히 오래 지속된다. 동일본 대지진은 원자력 발전소의 붕괴라는 상징적 사건까지 더해지면서 오랫동안 사람들의 머릿속에 남을 것이다.

지진은 땅이 움직이는 현상이므로 지진의 크기를 표현하기 위해서 물체의 움직임과 관련된 단위를 사용해서 표현할 수 있다. 당연히 이 값은 어디에서 측정하느냐에 따라 다르다. 육지에서 멀리 떨어진 바다 아래에서 엄청난 지진이 났다 하더라도 실제로 피해를 입는 지역은 없을 수도 있다. 그러므로 특정 지역에서 느껴지는 진동의 크기보다는 지진 자체가 갖는 에너지의 크기를 표시하는 방법이 더 객관적이다. 진도震度는 지진의 영향으로 인한 물체의 운동량에 근거하여 측정하는 것이고, 규모Magnitude, M는 에너지의 크기를 나타내는 척도다. 한마디로, 어떤 한 지진의 규모는 어디서 보아도 같고, 진도는 동네마다 다르다.

기상청에서 사용하는 지진 세기의 기준은 관측점에서 땅의 움직임이 보여주는 속도와 가속도를 측정해서 12단계로 나눈 것으로, 세계적으로 공통적으로 사용되는 방식이다. 표를 보면 진도 5부터는 누구나 지진이 일어났다고 느낄 수 있는 수준이다. 한국에서는 이 정도의 지진은 드물다.

지진은 자연재해지만, 핵폭탄은 그 위력이 엄청나서 지하 핵실험을 하면 이때의 폭발력에 의해서도 지진이 일어날 정도의 충격이 만들어진다. 외부에서는 이런 지진을 포착해서 핵실험의 여부를 판단할 수 있다. 북한이 비밀리에 지하 핵실험을 해도 이를 파악할 수 있는 것은 바로 이 때문이다. 1961년 소련의 핵무기 실험으로 인해서 진도 7의 지진이 일어난 사례가 있을 정도로 핵무기의 위력은 어마어마하다.

그러므로 현실에서 핵폭탄이 투하된 곳에 엄청난 충격이 가해진다는 사실을 손쉽게 유추할 수 있다. 더불어 수천 ℃의 고열도 함께 발생한다. 실제로 원자폭탄이 투하된 일본 히로시마의 사례로 지진이 갖는 에너지를 유추해볼 수 있을 것이다. 물론 둘 사이에는 에너지의 양이 비슷할지언정 인간에게 미치는 피해는 전혀 종류가 다르다는 차이가 있기는 하다.

1945년 8월 6일, 히로시마에 원자탄이 투하되자 도쿄와 히로시마 사이의 연락이 두절되었다. 전신, 기차, 모든 것이 끊겼다. 히로시마에 무엇인가 문제가 일어난 것을 깨달은 도쿄의 사령부에서는 급히 장교한 명을 비행기로 히로시마에 보내 피해 상황을 보고하도록 했다. 히로시마 상공에 이른 그가 도쿄의 사령부에게 보낸 첫 보고는 '보고할 내용이 없다'는 것이었다. 어제까지 멀쩡하게 있던 도시가 사실상 완전히 사라져버린 믿기 어려운 광경을 달리 표현할 방법도 없었을 것이다. 그 정도로 엄청난 에너지가 순식간에 한곳에 집중되었다는 의미다.

기상청에서는 '수정 메르칼리MM 진도'를 기준으로 지진을 구분하는데, 진도에 따른 현상은 다음과 같다.

1. 특별히 좋은 상태에서 극소수의 사람을 제외하고는 전혀 느낄 수 없다.

2. 소수의 사람들, 특히 건물의 위층에 있는 소수의 사람들만 느낀다. 섬세하게 매달린 물체가 흔들린다.

3. 실내에서 뚜렷이 느끼게 되는데, 특히 건물의 위층에 있는 사람에게 더욱 그렇다. 그러나 많은 사람들은 그것이 지진이라고 인식하지 못한다. 정지해 있는 차는 약간 흔들린다. 트럭이 지나가는 것과 같은 진동, 지속시간이 산출된다

4. 낮에는 실내에 있는 많은 사람들이 느낄 수 있으나 옥외에서는 거의 느낄 수 없다. 밤에는 일부 사람들이 잠을 깬다. 그릇, 창문, 문 등이 소란하며 벽이 갈라지는 소리를 낸다. 대형트럭이 벽을 받는 느낌을 준다. 정지해 있는 자동차가 뚜렷하게 움직인다.

5. 거의 모든 사람들이 느낀다. 많은 사람들이 잠을 깬다. 약간의 그릇과 창문 등이 깨지고, 어떤 곳에서는 석고plaster에 금이 간다. 불안정

한 물체는 넘어진다. 나무, 전신주 등 높은 물체의 교란이 심하다. 추시계가 멈춘다.

6. 모든 사람들이 느낀다. 많은 사람들이 놀라서 밖으로 뛰어나간다. 무거운 가구가 움직인다. 떨어진 석고와 피해를 입은 굴뚝이 일부 있다.

7. 모든 사람들이 밖으로 뛰어나온다. 설계 및 건축이 잘된 건물에서는 피해가 무시될 수 있고, 보통 건축물에는 약간의 피해가 있으며, 열등한 건축물은 상당한 피해를 입는다. 굴뚝이 무너지고, 운전하고 있는 사람들이 지진을 느낄 수 있다.

8. 특별히 설계된 구조물에는 약간의 피해가 있고, 일반 건축물은 부분적 붕괴와 더불어 상당한 피해를 입으며, 열등한 건축물은 피해가 아주 심하다. 창틀로부터 창문이 떨어져나간다. 굴뚝, 공장 재고품, 기둥, 기념비, 벽들이 무너진다. 무거운 가구가 넘어진다. 모래와 진흙이 소량 쏟아져 나온다. 우물물의 변화가 있고 운전자가 방해를 받는다.

9. 특별히 설계된 구조물에도 상당한 피해를 준다. 잘 설계된 구조물이 기울어진다. 그 밖의 구조물은 큰 피해를 입으며, 부분적으로 붕괴된다. 일반건물은 기초에서 벗어난다. 땅에는 금이 명백하게 간다. 지하 파이프도 부러진다.

10. 잘 지어진 목조 구조물이 파괴된다. 대개의 석조 건물과 그 구조물이 기초와 함께 무너진다. 땅에 심한 금이 간다. 철도가 휘어진다. 강둑이나 가파른 경사면에서 산사태가 일어나며, 모래와 진흙이 이동

한다. 물이 튀어나오며, 둑을 넘어 쏟아진다.

11. 남아 있는 석조 구조물은 거의 없다. 다리가 부서지고 땅에 넓은 균열이 간다. 지하 파이프가 완전히 파괴된다. 연약한 땅이 푹 꺼지고 지층이 어긋난다. 기차 선로가 심하게 휘어진다.

12. 전면적 피해 발생. 지표면에 파동이 보인다. 시야와 수평면이 뒤틀린다. 물체가 하늘로 던져진다.

지진의 규모는 M0에서 M10 사이의 값을 갖는다. M의 값이 1씩 커질 때마다 에너지는 대략 32배 증가한다. 그러므로 규모가 2단계 큰 지진은 32×32, 약 1,000배의 에너지를 갖는다. 동일본 대지진은 규모 9였고, 우리나라의 지진 계측 사상 최대 규모였던 2016년 9월 경주 지진은 규모 5.8이었으므로 동일본 대지진의 에너지가 경주 지진보다 3만 배 이상 크다. 그러나 지진이 일어났을 때의 실제 피해는 지진의 영향을 받은 지점의 상황에 의해 결정된다. 아무리 큰 규모의 지진이라도 사람이 살지 않는 먼 곳에서 일어났다면 피해는 크지 않을 수 있다. 경주 지진은 동일본 대지진에 비하면 수만분의 1밖에 되지 않는 에너지를 갖고 있었지만, 발생 지역이 도시와 가까워서 규모의 차이에 비해서는 피해가 많았다.

지진과 관련된 두 가지 척도인 규모와 진도는 모두 단위가 없으면서 공포를 불러일으키는 숫자들이다. 우리나라는 지진이 일상적이지 않아 이런 단위가 낯설게 여겨지는 것이 다행이라 하겠지만, 지진 발생 가능성이 높은 지역에서는 수많은 사람들이 0에서 9에 이르는 숫자만으로도 우리로서는 상상하기 어려운 공포심을 느끼며 살아가야 한다.

보이지 않는 공포

사람은 시각의 지배를 받는 존재이기 때문에, 두려움을 안겨주는 대상들 중에서도 실체를 볼 수 없는 것들은 더 두렵게 느껴진다. 지진은 땅의 흔들림으로, 태풍은 격렬한 비바람으로, 그 밖에 가뭄이나 폭설 등의 재해는 모두 인간이 감지할 수 있는 기온, 습도, 강설량 등의 물리량을 통해서 위력이 발휘된다. 그리고 그 현상이 지속되고 있다는 점이 눈에 보인다. 흔들리는 건물, 맹렬한 폭풍과 비바람, 엄청나게 내리쬐는 햇볕, 앞이 보이지 않을 정도로 내리는 눈은 모두 시각적으로 위력을 보여주는 장면들이다. 그러나 방사선은 다르다. 인간이 느낄 수 없지만, 인체에 영향을 미친다. 누군가 이야기해주지 않는데 방사선의 존재를 느낄 수 있는 사람은 아무도 없다. 그렇기 때문에, 방사선은 유용하기도 하지만 사고가 나면 자연재해 못지않은 재해로 둔갑할 가능성이 있다. 보이지 않는다는 사실 자체가 또 다른 공포를 불러오기 때문이다.

방사능

방사능에 관련된 용어들은 많은 사람들을 혼란스럽게 한다. 방사능 放射能, radioactivity은 어떤 원소의 상태가 변하면서 입자를 방출하는 '과정'을 가리키는데, 보다 정확히는 방사성 붕괴放射性 崩壞, radioactive decay라고 부른다. 방사성 붕괴가 일어날 때 방출되는 전자기파가 방사선放射線, radioactive ray이다. 방사선을 방출하는 성질이 있는 물질을 흔히 방사능 물질, 혹은 방사성 물질이라고 부른다.

사실 오늘날은 거의 모든 사람이 방사선의 혜택을 받으며 살아간다. 방사선은 오늘날 없어서는 안 될 정도로 용도가 다양하다. 대표적으로 병원의 엑스선 촬영기와 CT 촬영기는 방사선을 방출하므로 이런 기기를 이용해서 검사를 받으면 신체가 방사선에 노출되지만, 이런 의료기기의 도움을 평생 한 번도 받지 않는 사람은 거의 없을 것이고, 이런 기기 덕분에 목숨을 건진 사람은 셀 수 없이 많다.

원자력 발전소에서는 방사성 물질이 가진 에너지를 이용해서 전기를 만들어내는데, 이때 나오는 방사선은 매우 강력해서 인체에 해로운 수준에 이른다. 당연히 발전소에서는 방사선이 외부로 새어나가지 않도록 여러 가지 안전장치를 겹겹이 마련해놓는다. 사실 원자력 발전의 원리는 증기기관과 별반 다르지 않다. 증기기관이 주로 석탄을 태워 물을 끓이고 이때 만들어지는 수증기를 이용해서 엔진을 돌린 것이라면, 원자력 발전은 방사성 연료를 이용해서 열을 만들어내어 물을 데우고 수증기를 이용해서 발전기를 돌리는 것이다. 조금 과격하게 표현한다면, 석탄을 때어 물을 덥히는지, 아니면 방사성 연료를 이용해서 물을 덥히는지의 차이다. 같은 양의 물을 끓이는 데 방사성 연료는 석탄에 비해 아주 작은 양만 있으면 된다는 점이 가장 크게 다르다.

석탄을 연료로 쓰면 타고 남은 석탄이 찌꺼기로 남듯, 원자력 발전소에서도 쓰고 남은 핵연료가 배출된다. 석탄 찌꺼기와 다른 점이 있다면 쓰고 남은 핵연료(핵폐기물)는 연료로 쓰기에는 부족함에도, 인체에는 해로운 수준의 방사선을 계속 방출한다는 점이다. 핵폐기물이 '방사성 폐기물radioactive waste'이라고 불리는 이유다.

인체와 관련된 단위, 시버트

방사선의 양을 잴 때는 방출량, 공기 중에 방사선이 비추인 양, 물질에 흡수된 방사선의 양을 각각 다른 단위를 이용해서 표시한다. 특히 사람이 방사선에 노출되었을 때 흡수한 방사선의 양을 의미하는 흡수선량吸收線量은 다시 두 가지로 분류한다. 방사선이 온몸에 흡수된 양을 유효선량有效線量으로, 특정 장기가 방사선에 노출되었을 때 받는 영향을 등가선량等價線量으로 구분한다. 물질이 흡수한 방사선의 양은 그레이Gy, Gray라는 단위를, 인체가 방사선을 쬐었을 때는 시버트Sv, Sievert라는 단위를 쓴다. 흡수된 방사선의 양이 같은 1그레이여도 방사선의 종류나 에너지에 따라 흡수선량은 다를 수 있다. 특히 인체가 흡수한 방사선이 미치는 영향은 시버트 단위로 표시된 유효선량의 값을 보아야 한다. 그레이나 시버트와 달리 베크렐은 방사선의 세기와는 관계없이 방사능 활동이 얼마나 일어나는지를 나타내는 단위다.

물리량 중에서 인체에 적용될 때만 특별히 취급되는 것은 방사선밖에 없다. 그만큼 방사선이 인체에 미치는 영향이 위협적이기 때문이다. 언론에서 방사능 오염 관련 보도를 할 때 많이 언급되는 단위가 베크렐Bq, 시버트, 그레이 등인데, 만약 방사선이 인체에 미치는 영향에 관심이 있다면 시버트만 보면 된다. 만약 누군가가 방사능 오염이나 피폭의 문제를 설명하면서 베크렐이나 그레이 단위의 수치를 제시한다면 신뢰하지 않는 편이 좋다는 의미이기도 하다.

방사능과 관련된 단위인 베크렐, 시버트, 그레이는 모두 인명에서 따온 것으로, 각각 방사능 연구에 기여한 과학자들인 베크렐Becquerel, 시버트Sievert, 그레이Gray의 이름이다. 방사능 에너지는 인류가 만들어낸 에너지에 가깝다는 점을 생각하면 관련 단위에 인명이 쓰이는 것도 자연스러운 일이라고 생각된다.

딜레마

방사능이 공포의 대상이 되는 이유는 방사선이 보이지도 느껴지지도 않으면서, 많이 쬐면 위험하기 때문이다. 그런데 세상 모든 일이 그렇듯 방사선도 '있다/없다' 혹은 '쬐었다/아니다'보다는 '얼마큼 쬐었는가?'가 중요하다. 만약 방사선의 양에 관계없이 인체에 해롭다면 아무도 엑스선 촬영에 응하지 않을 것이다. 하지만 많은 경우에 방사선 방출 문제를 '있다/없다'의 문제로 바라보는 바람에 일이 엉뚱한 방향으로 흐르는 경향이 있다.

방사선 양이 건강에 해를 끼치지 않는 수준이어도 방사능이라면 무조건 거부하는 것은 마치 사고가 날 가능성이 있으니 자동차는 절대 타지 않겠다는 접근 방법과 별반 다르지 않다. 어떤 교통수단을 이용해도 사고의 가능성은 존재한다. 차이가 있다면 사고가 발생할 확률뿐이다. 심지어 걷는다고 해서 사고의 위험에서 해방되는 것은 아니다. 그러나 인간은 그리 합리적으로 행동하지 않을 때도 많아서, 자동차 사고의 확률이 비행기 사고의 확률보다 훨씬 높지만 대부분 비행기 탑승 시에 사고의 위험을 더 크게 느낀다. 아마 비행기 사고의 확률이 자동차 사고의 확률 수준이라면 비행기를 '겁 없이' 탈 사람은 매우 드물지 않을까 싶다.

방사성 물질의 위험도도 마찬가지다. 전문적 지식을 가지고 있지 않은 일반인에게는 위험성이 더 부각되게 마련이다. 물리량, 나아가 과학은 본질적으로 무색무취하다. 하지만 방사능 관련 단위는 미지의 공포감을 발산한다. 방사능은 마치 날이 바짝 선 칼과 마찬가지다. 요리를 손쉽게 하려면 반드시 필요하지만, 잘못 다루면 크게 다치는 수가 있는 날카로운 칼과 같다. 중요한 점은 가장 안전한 칼은 가장 잘 드는 칼이라는 사실이다. 주방에서도 날이 무뎌진 칼을 쓰다가 사고가 일어나기가 더 쉽다. 가장 쓸모 있으면서도 안전한 칼은 가장 날카로우면서 취급과 보관에 주의를 각별히 기울인 칼인데, 방사선도 마찬가지 아닐까.

그렇다면 방사선을 얼마나 쬐어야 위험한 걸까? 일단, 사람은 일반적인 환경에서도 자연적으로 방사능에 노출된다. 놀랍게도 땅에서도 방사선이 방출되며, 우주에서 날아오는 방사선도 있다. 이러저런 자연 방사능이 인체에 미치는 유효선량은 연간 대략 2~3mSv(밀리시버트) 정도다. 그러나 인간은 이런 정도의 방사능에 견디며 존속해온 생명체이므로, 문제는 이 밖의 다른 방사능이라고 할 수 있다. 보통 1Sv가 넘는 방사선에 노출되면 발암률이 확실하게 상승한다고 한다. 질병관리본부에서는 자연 방사선과 의료 방사선 이외의 방사선에 대한 피폭을 연간 1mSv 이하로 권하고 있기도 하다.

　보통 자연 방사선 이외의 방사선에 노출되는 경우는 엑스선 촬영기나 CT 같은 방사선 의료기기를 사용할 때가 가장 일반적이다. 일반인이 가장 방사선에 심하게 노출되는 환경인 CT 촬영 1회에 의해서 인체가 흡수하는 방사선의 양은 장기에 따라 5~15mSv 정도다. 이 수치만 보면 연간 피폭량을 넘어 보이지만, CT로 인한 방사선 피폭은 100mSv는 되어야 영향이 있으므로 별 문제는 없다고 한다. 사실, 병원에서 필요에 의해서 이루어지는 방사선 피폭은 어떤 형태로건 통제가 되기 때문에 큰 걱정거리는 아니다. 오히려 담배를 지속적으로 피우는 사람의 방사능 피폭량이 CT에 의한 방사능 피폭량보다 몇 배 높다. 실제로 흡연자의 암 발생률이 비흡연자보다 높은 것도 이와 연관 지어 해석하는 경향이 높다.

　그런데 사실상 원자력 관련 시설의 사고로 인한 대규모 방사능 누출이 아니면 일반적으로 인체에 문제가 될 만한 방사선에 노출되는 상황 자체가 드물다. 원자력 발전소는 방사선이 다량으로 방출되는 곳이지만 외부로 방사선이 나가지 않도록 여러 겹의 차단장치를 마련해두고 있기 때문에, 이런 시설 주변에 있다고 해서 특별히 방사선에 더 노출되는 것은 아니다. 그럼에도 불구하고 원자력 발전소의 안전에 관한 우려가 사라지지 않는 것은 아무리 확률이 낮아도 사고가 났을 때의 피해가 워낙 크고, 본능적으로 공포가 이성을 압도하기 때문이다. 게다가 낮은 확률밖에 없다고 여겨지던 사고가 현실에서 일어나는 사례가 수차례 일어났고, 그 피해의 규모와 여파가 감당하기 힘든 수준에 이른다는 것이 드러나기도 했다. 이제 핵에너지는 이성만으로 접근하기에는 어려운 수준의 파괴력을 갖고 있는 존재가 되어버렸다. 앞으로는 핵에너지를 다루는 방법을 선택하는 과정에서 이성과 감성의 적정선을 찾는 능력이 드러나지 않을까 싶다.

미국 나사는
왜
잘 망가질까?

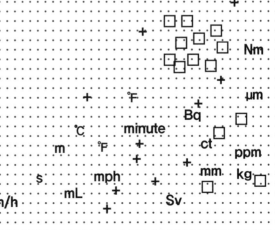

도구로서의 단위는 일상의 것이건 고도의 과학연구에 쓰이는 것이건, 모두 편리함을 추구하는 과정에서 만들어진 것이다. 그러나 도구는 제대로 사용하지 않으면 의도한 성능을 발휘하기 어렵다. 또한 필요한 도구가 필요할 때 있어주지 못하면 그 효과는 반감된다. 이런 일은 일상에서도 어렵지 않게 발견된다. 특히 규격을 바탕으로 만들어지는 도구들은 이런 특징이 잘 드러나고, 몇몇 경우는 단위가 핵심적 이유이기도 하다. 규격이란 단위를 이용해서 만들어진 것이기 때문이다.

왜 없을까?

도구의 가치는 편리함에 있다. 여러 가지 공구를 한 몸통에 조합해놓은 속칭 스위스 칼은 다용도 공구의 상징이다. 스위스 칼이 야외에서의 사용을 염두에 두고 만들어진 것이라면 문구용 칼이나 자는 실내에서의 사용을 전제로 만들어진 공구다. 문구용 칼을 야외에서 쓴다고 칼이 들지 않는 것도 아니고, 스위스 칼에 들어 있는 도구를 실내에서 쓴다고 문제될 것도 별로 없지만 책상 위에서는 문구용 칼이 스위스 칼보다 더 효과적인 도구이게 마련이다. 이처럼 공구는 설계할 때부터 어떤 상황에서 사용될지를 미리 정하고, 그 용도에 가장 적합하도록 만들어진다. 또한 일반적인 용도 이외의 특수한 상황에만 쓰이는 다양한 공구들이 존재한다. 한마디로, 어떤 상황에서건 필요한 공구가 모두 만들어져 있다고 할 수 있다.

▲ 무엇에 쓰는 공구일까? 인간은 필요한 도구는 다 만들어낸다.

자는 길이를 재는 도구이므로 당연히 단위가 표시되어 있어야 한다. 문구점에서 파는 자는 다양한 길이로 만들어져 있지만 길이가 15cm이건, 30cm이건, 5m짜리 줄자이건, 모두 길이를 측정하려는 목적을 가지고 있다는 점에서는 동일하다. 그런데 아무리 대한민국이 미터법 국가라고 해도, 일상에서는 여러 가지 이유로 센티미터 이외의 단위도 측정할 수 있으면 편리한(혹은 편리할 것 같은) 경우가 있게 마련이다. 새로 구입한 50인치 TV의 크기가 정말 50인치인지 재보고 싶을 때도 있을 수 있지 않을까? 무엇인가의 크기를 인치 단위로 측정하는 것이 좋은 경우도 충분히 있다. 힘들여 행하고 있는 다이어트의 성과를 알고 싶을 때도 인치 표시가 되어 있는 줄자가 아쉬울 수 있다. 그러나 한국에서 인치 단위가 표시된 자를 구하기는 만만한 일이 아니다.

사실 이런 문제의 해결책은 의외로 쉬워서, 자의 한쪽에는 센티미터 단위의 눈금을 표시하고, 다른 쪽 면에는 인치 단위의 눈금을 표시해두면 그만이다. 하지만 만들기 어려운 것도 아닐 텐데, 안타깝게도 그런 자는 시중에서 찾아보기가 굉장히 어렵다. 지금 당장 대형 문구점에 가서 판매되는 자를 들여다보면 아마도 거의 모두 센티미터 단위로만 눈금이 표시되어 있을 것이다. 왜 그럴까? 만들기 어려울 것도 아니고, 자를 만들어 판매하는 사람들이 그걸 모를 정도로 사업 감각이 없지도 않을 것이며, 한쪽은 센티미터, 다른 한쪽은 인치인 자를 찾는 사람이 없어서도 물론 아닐 것이다.

이유는 단지 우리나라에서는 미터법 이외의 단위를 사용하는 것이 불법이기 때문이다. 만약 미터법 이외의 단위도 합법적으로 쓸 수 있다면 한쪽은 센티미터, 다른 한쪽은 인치인 자 이외에도 척, 야드, 등 우리가 알고 있는 모든 길이 단위가 적혀 있는 자가 종류별로 팔리고 있을지 모른다. 혹은 하나의 자로 모든 단위를 표시하는 스위스 칼 같은 다용도 자가 만들어져서 팔리고 있을 것이다. 혹시라도 시중에서 센티미터와 인치가 함께 표시되어 있는 자를 보았다면 이는 법규를 슬쩍 위반해서 판매되는 것으로 보아도 무방하다.

▲ 미터와 인치가 모두 표기된 줄자.
미터법과 야드파운드법이 모두 사용되는 미국에서는 어렵지 않게 구할 수 있다.

이런 현상은 우리나라에서만 있는 것이 아니라, 미터법만을 합법적인 단위로 사용하는 나라라면 어디나 마찬가지다. 반면에 미터법과 야드파운드법이 모두 합법적으로 사용되는 미국에서는 한쪽은 인치, 다른 한쪽은 센티미터인 자를 그리 어렵지 않게 구할 수 있다.

이처럼 편리함만을 생각한다면 당연히 있어야 할 것 같은 도구가 쉽게 눈에 띄지 않는 데는 법규의 영향이 크다. 법이 추구하는 목적 중에는 사회생활의 편리함도 엄연히 포함되겠지만, 법이 바라보는 편리함과 다양한 관습에 길들여진 개인이 바라보는 편리함에는 차이가 있을 수밖에 없다는 사실을 작은 자 하나에서도 발견할 수 있는 것이다. 혹시라도 지나다가 센티미터와 인치가 함께 표시된 자를 발견한다면 얼른 구입해두는 것이 개인으로서는 현명한 선택일 수도 있다. 혹시 미국에 갈 기회가 있다면 그런 자를 하나 사오는 것도 괜찮지 않을까? 아무리 한국에서 미터법만이 합법적 단위계라고 해도 개인이 센티미터와 인치가 동시에 표시된 자를 들여오는 것까지 금지하지는 않는데다가, 나중에 정작 아쉬울 때 다시 찾으려고 하면 쉽지 않을 테니 말이다. 아, 그리고 앞에 나왔던 사진 속의 공구는 동파이프를 절단하는 전용 공구이다.

손가락이 12개였다면

영국은 산업혁명과 함께 현대 문명의 문을 연 곳이므로, 오늘날의 세계 질서가 자리 잡는 데도 커다란 영향을 미쳤다. 또한 오랫동안 강국으로 군림하면서 세계 곳곳에 식민지를 두었던 만큼 영국의 영향은 자연스럽게 많은 지역에 스며들었다. 제2차 세계대전까지 영국의 식민지였던 나라들에서는 지금도 대부분 손쉽게 영국의 흔적을 찾을 수 있다. 이런 나라들에서는 대개 자동차도 좌측으로 다닌다.

  그런데 영국인들은 무슨 이유에서인지 12라는 숫자를 사랑했다. 돈도, 길이도, 무게도, 어느 것이나 가늠하는 기준은 모두 12를 기본으로 만들었고, 심지어 명절을 즐길 때도 12라는 숫자를 가져다 붙였다. 튜더 왕조 시대의 영국에서는 크리스마스 축제 시즌이 10월 31일에 시작해서 크리스마스가 지나고 12일 뒤에 끝났다. 오늘날 할로윈이라는 이름으로 알려진 축제일인 10월 31일의 기원이 이것이었다. 크리스마스 장식은 이 기간 동안에만 했으며 크리스마스 축제 기간이 끝나는 날을 12번째 밤twelfth night이라고 불렀다. 셰익스피어의 유명한 희극 〈십이야 Twelfth Night〉도 바로 축제의 마지막을 장식하는 공연에 쓰려고 만들어진 것이다. 원래 이날은 큰 축제를 벌이는 날이었다. 요즘도 보통 12번째 밤이 지나면 크리스마스 장식을 치운다. 파티가 끝나는 데도 12라는 숫자가 필요한 것이다.

12 대 10

영국에서 12라는 숫자의 영향력은 명절을 만드는 규칙 정도에 머물지 않았다. 1971년까지 영국에서 쓰이던 화폐의 단위 체계는 12라는 숫자를 머리에 넣어두지 않으면 어지간해서는 이해하기 힘들었다. 당시 영국의 화폐 체계는 1파운드=20실링, 1실링=12펜스였다. 좀 더 헷갈리게 표현하자면 1파운드=20실링=240펜스였다. 만약 물건 값이 1파운드 3실링 5펜스일 때 2파운드를 내면 얼마를 거슬러주면 될까? 파운드화 체계에 어지간히 익숙하지 않은 다음에야 쉽지 않은 계산이다 (익숙해도 쉽지 않을 것 같긴 하지만). 아무리 오랫동안 쓰여온 방식이라고 해도 이래서야 도저히 효율이 높을 리가 없을 것 같았는지 영국 정부도 10진법을 받아들여 1971년에는 1파운드=100펜스로 화폐 체계를 바꾼다.

사람은 손가락이 10개이기 때문에 숫자를 셀 때 10진법이 자연스러울 수밖에 없고, 10진법 이외의 방법은 어지간해서는 익숙해지기 어렵다(그런 면에서 시간을 표시하는 방법은 굉장히 특별한 예외다). 진화의 방향은 합리성이나 논리적 타당성과는 상관이 없으므로 왜 사람의 손가락이 10개가 되었는지 이유를 알 수는 없지만, 어쨌거나 인간의 손가락은 10개다. 다윈 식으로 표현하자면 손가락이 10개인 인간 무리가 손가락이 12개이거나 8개, 혹은 양손의 손가락 개수가 다른 인간 무리보다 더 생존에 적합했기 때문일 것이다.

손을 주요한 도구로 사용하는 인간의 특성 때문에, 인간은 수를 10개 단위로 셀 때 가장 자연스럽다고 느낀다. 그래서 어느 문명에서나 수를 세는 방법은 10진법에 기초해서 만들어져 있다. 1,000년 전의 동양 문명과 남아메리카 문명이 10진법을 쓰기로 합의했을 리는 없지 않은가. 한자로 표기되는 숫자도, 로마자도, 바빌론과 이집트의 숫자도 모두 같았다. 어느 문명이나 1을 뜻하는 문자, 1의 10배인 10을 뜻하는 문자, 10의 10배인 100을 뜻하는 문자…라는 식의 표기 방법을 가지고 있었고, 그게 자연스러웠다. 피부 빛깔과 관계없이 인간이라는 종은 10개의 손가락을 갖고 있었으므로 그 외의 방법을 생각하는 것이 이상한 일이었을 것이다.

그러나 일부의 사람들은 때에 따라서는 12를 기준으로 수를 세는 방법을 만들어냈다. 그 흔적 때문인지 영어와 독일어 등의 일부 언어에는 숫자를 셀 때 12까지는 고유의 이름이 있다. 영어의 11은 ten-one도 아니고 one-teen도 아닌 eleven이고, 12도 ten-two나 two-teen이 아닌 twelve다. 13부터는 xx-teen이라는 규칙이 적용된다. 비슷한 계열의 언어인 독일어에서도 11과 12는 영어와 마찬가지로 독립적인 이름이 붙어 있는 숫자로 대접을 해준다. 그러나 동양의 언어는 그렇지 않다. 한국어에서도 11과 12는 그저 '십-일, 십-이' 혹은 '열-하나, 열-둘'이지, 별개의 이름이 붙어 있지 않다. 12라는 숫자에 별다른 의미를 부여하지 않았다는 의미다.

유럽에서는 오늘날에도 상품을 12개 묶음으로 포장해 판매하는 관습이 남아 있다. 특히 연필이나 담배 같은 것은 12개dozen 단위로 포장해서 파는 것이 일반적이었다. 참고로 연필 한 '다스'는 dozen을 표기하는 doz를 옮겨 쓰며 만들어진 표현이다. 12가 사용된 이유는 시간을 12시간 단위로 정한 것과 마찬가지로, 아마도 다양한 비율로 나누기 좋아서였을 것이다. 한 묶음에 12개가 들어 있으면 6개씩 반으로 나누거나, 4개씩 셋으로 나누거나, 3개씩 넷으로 나눌 수 있다. 물론 2개씩 여섯 묶음으로 나눌 수도 있다. 나누기에 편리한 수인 12는 훔친 물건이나 돈을 나눠야 할 일이 많은 도둑들이 좋아할 숫자일 수도 있고, 상당히 너그러운 숫자라고 봐야 하는지도 모르겠다.

하지만 모든 경우에 12를 기반으로 숫자 체계를 만들어서 쓰는 것이 합리적이라고 보긴 힘들다. 특히 화폐처럼 모든 사람이 써야 하는 경우에는 더욱 그렇다. 그럼에도 이런 체계가 오랜 세월에 걸쳐서 쓰인 것은 막강한 권력을 쥔 어느 한 사람이나 집단의 고집 때문도 아니었고, 영국 사람들이 하나같이 멍청해서는 더더욱 아니다. 세상 모든 일이 그렇듯 나름의 이유가 있었고, 그 이유가 사람들에게 받아들여졌기(혹은 참을 만했기) 때문이라고 보는 편이 맞다. 굳이 따지자면 작은 장점을 위해서 큰 단점을 감수했던 것에 가까울 것이다.

12라는 숫자가 다양한 비율로 나누기가 편하다는 특징은 몇몇 경우에 큰 장점이 될 수 있다. 농산물을 헤아리거나 매매할 때 특히 그렇다. 20을 기준으로 해도 비슷한 결과를 기대할 수 있다. 영국인들은 12와 20을 섞으면 장점이 더욱 빛을 발한다고 여겼던 것일까? 하지만 여기까지다. 그 밖에는 별로 장점을 찾기 어렵다. 예로부터 화폐가 시장에서 농산물 거래만을 위해서 쓰이는 것은 아니었고 오늘날에는 더더욱 아니다. 시간이라는 하나의 대상만을 위해서는 12를 기준으로 하는 방법이 충분히 합리적이지만, 화폐는 쓰임새가 너무나 다양하기 때문에 12가 살아남을 수 없었던 것인지도 모르겠다.

종이와 1미터

모든 책에 지성과 합리성이 담겨 있지는 않겠지만, 책은 지성과 합리의 이미지를 풍긴다. 책이란 물건에는 조금 요상한 구석이 있어서, 다시 읽게 될 확률이 별로 높지 않다는 걸 알면서도 선뜻 내다 버리거나 남에게 주기가 쉽지 않다. 세월이 흐름에 따라 한 권 두 권 모인 책을 책꽂이에 꽂다 보면 누구에게나 고민스러운 시기가 온다. 가지고 있는 책들을 내용에 따라 분류하여 꽂아둘지, 아니면 크기별로 꽂을 것인지, 쉽지 않은 선택을 해야 하는 것이다. 기본적으로는 책의 내용에 따라 먼저 분류하는 편이 보편적이겠지만, 책꽂이에 꽂아놓은 책들을 보면서 왜 이렇게 책 크기가 들쭉날쭉할까 하는 생각은 누구나 해보았을 것이다.

대형 서점에 가서 보면 책의 크기가 다양한 것 같아도 나름 몇 가지 종류로 정해져 있는 것 같다는 느낌을 받고, 단행본과 잡지는 각자의 영역에서 통용되는 크기가 있는 것이 아닌가 하는 기분도 든다. 출판물에 특정 크기의 종이만을 쓰도록 정해져 있지는 않지만, 어느 정도 규격화는 되어 있는 편이다. 물론 출판사는 원하는 크기로 책을 만들 수 있지만, 책도 엄연히 상품인지라 통상적인 크기가 아닌 책을 만들려 하면 아무래도 여러 가지로 불편한 점이 생긴다. 일단 생산 비용이 많이 든다. 그러다 보니 책의 크기가 다양한 듯해도 실제로는 몇 가지 규격 안에서의 다양함이 되고 만다. 대한민국의 규격이 대부분 그렇듯, 책의 크기도 외국 규격을 거의 그대로 받아들여 정해졌다. 책을 만드는 데 필요한 종이를 만드는 장비부터 인쇄에 필요한 장비까지, 거의 외국에서 들여온 것이었으므로 외국의 규격이 우리나라에 그대로 받아들여진 것이 딱히 이상할 것은 없다. 오히려 한국에서만 통용되는 규격을 따로 만든다면 효율만 떨어질 것이다.

넓이냐 길이냐

일반적으로 흔히 사용되는 프린터 용지 중 하나가 A4 용지다. A 규격의 종이는 가장 큰 A0 용지를 시작으로 해서 A0를 반으로 접으면 A1이, A1을 반으로 접으면 A2가 되는 식이다. 모든 A 규격 종이의 가로 세로 비율은 동일한데, 이런 관계가 되도록 용지 크기를 정하려면

A0 규격의 가로 세로 비율을 잘 정해야 한다. 임의의 크기의 종이를 반으로 접으면 원래 크기와 같은 비율의 모양이 되지는 않기 때문이다. 간단한 산수를 통해서 적절한 비율을 구해보면, 반으로 접은 종이의 가로 세로 비율이 접기 전과 같으려면 긴 변과 짧은 변의 길이가 $1:\sqrt{2}$의 비율이 되어야 한다는 것을 알 수 있다.

그렇다면 처음 기준이 되는 A0 크기의 종이는 어떻게 정한 것일까? 답은 미터법에 있다. A0는 '짧은 변과 긴 변의 길이의 비율이 $1:\sqrt{2}$이면서 넓이가 $1m^2$인 크기'를 가리킨다. 미터법을 쓰는 곳에서라면 참으로 합리적인 규정이다. 이런 규칙에 따라 정해진 A0 규격은 짧은 변의 길이가 841mm, 긴 변은 1,189mm이다. 배경 지식이 없는 상태로 A0 규격의 종이 크기만 봐서는 어째서 이처럼 난해한 값을 기준으로 삼았는지 알기 어렵다.

이 방식은 1922년 독일 공업규격DIN에서 처음으로 정해졌고 그 합리성으로 인해 전 세계적으로 널리 받아들여졌다. 종이의 크기를 미터법에 기준해서 합리적으로 정의한다는 정신에 충실했던 때문일까, 아니면 전쟁은 전쟁이고 규격을 정하는 합리적 행동은 별개의 문제였기 때문이었을까? 이 규격은 심지어 독일이 패한 제2차 세계대전 뒤에도 수십여 나라에서 받아들여졌다. 지금은 국제표준규격ISO의 A 계열 종이 규격으로 자리 잡아 전 세계적으로 통용되고 있다. 현재 이 체계를 사용하지 않는 나라는 미국과 캐나다를 비롯한 몇몇에 그친다. 미국은 종이 규격도 국제 규격과는 다르다. 크기뿐 아니라 가로 세로의 비율도 다르다. 미국은 합리적이고 실용적인 문화를 가진 곳이지만, 적어도 종이 규격에 관한 한 미국인들은 합리적 체계보다는 익숙한 체계를 선호하고 있다고 볼 수 있다.

'넓이가 1m²이고 두 변의 길이의 비가 1:√2'라는 A 규격 용지 크기의 정의를 보다 보면, 비율은 마찬가지로 1:√2이면서 한 변의 길이가 1m라고 정의하면 편리하지 않을까 하는 생각이 들 수 있다. 실제로 이 생각을 규격으로 정해놓은 것이 국제표준규격의 B 규격이다. B0 종이는 짧은 변의 길이가 1m, 긴 변이 √2m이므로, 넓이는 1 × √2, 약 1.414m²가 되어 A 규격보다 크다.

이런 용도도

흔히 찾아볼 수 있는 물체의 크기나 무게가 어떤 단위로 나타내었을 때 정확히 1이라면 상당히 요긴하게 써먹을 수 있다. 주변의 사물 중에서 길이가 1m 혹은 무게가 1kg인 것에는 어떤 것이 있을까? 혹은 10cm나 100g인 것도 꽤 편리할 것이다.

B 계열 종이의 규격 중에서 가장 큰 B0 종이의 크기는 짧은 변이 1m, 긴 변이 1m의 약 √2배인 1.414m이다. B2는 B0를 반으로 두 번 접은 것이므로 변의 길이가 한 번에 1/√2배씩 두 번 줄어들어 1/2배가 된다. 그러므로 B2 용지의 짧은 변의 길이는 50cm이다. 마찬가지로 B4 용지의 짧은 변의 길이는 25cm다. 그러므로 주변에서 혹시 B0, B2, B4 용지를 찾을 수 있다면 1m의 길이를 측정하는 자의 대용으로 요긴하게 쓸 수 있다. 잠시나마 맥가이버가 될 수 있는 셈이다. 한편 A0 용지는 넓이가 1m²이다. 그러므로 A0를 반으로 접을 때마다 넓이

가 반으로 줄어든다. A1의 넓이는 $0.5m^2$, A2는 $0.25m^2$, A3는 $0.125m^2$, 가장 흔하게 볼 수 있는 A4의 넓이는 $0.0625m^2$, 즉 $625cm^2$이다. 현실에서 맥가이버가 되려면 약간의 기억력은 필수적이다.

미국에서 일본, 그리고 한국으로

그러나 한국에서 B 규격 종이를 언급할 때 사용되는 규격은 국제표준규격과는 다른 일본의 B 규격이다. 일본의 B 규격은 가로 세로 비율

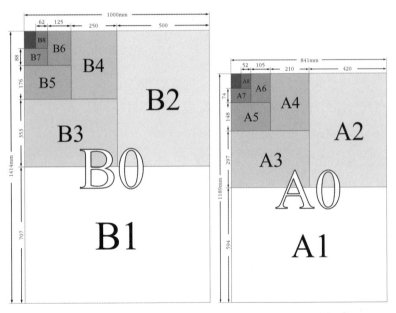

▲ B0 종이는 짧은 변이 1m.

▲ A0 종이는 넓이가 $1m^2$.
Bromskloss/wikimedia commons.

단위로 읽는 세상

은 국제표준규격과 마찬가지로 1:√2이지만 넓이가 1.5m²인 크기를 의미한다. 그러므로 일본식 B0 종이는 가로 1,030mm, 세로 1,456mm가 되어 국제표준규격의 B0 규격 종이보다 살짝 크다. 대부분의 책은 A 규격이나 B 규격 종이 중에서 사용하기 적절한 크기인 A4, A5나 B4, B5, B6인 경우가 많다. 국내에서 출판되는 서적에는 보통 B4, B5, B6 등의 크기가 많이 사용되는데, 국내의 책 크기에 적용되는 B 규격은 보통 일본 공업규격JIS에 정의된 것을 의미한다. 일본 B 규격은 동아시아가 근대화를 겪던 19세기 후반에 우리나라뿐 아니라 중국, 대만에도 보급되기 시작했다. 그런데 이 B 규격은 일본이 어느 날 갑자기 정한 것이 아니라 일본의 전통 종이인 미농지美濃紙의 규격을 근거로 만들어진 것이었다.

흔히 국판菊判이라고 불리는 규격도 있다. 국판의 '국菊'은 국화를 의미하는데, 책 규격과 국화 사이에 무슨 사연이 있을까? 국판은 가로 세로의 길이가 152×218mm로 A5 규격(148×210mm)과 비슷해서 A5 규격을 국판이라고 하는 경우도 있지만 엄연히 다른 규격이다. 국판이라는 명칭은 서양 문명과 동양 문명의 만남에서 비롯되었다. 19세기 후반, 일본의 한 회사가 미국에서 종이를 수입했다. 이 회사는 수입한 종이를 신문 용지와 출판 용지로 판매하려고 했는데, 이 과정에서 종이에 붙일 상품명이 필요해졌다. 그런데 미국에서 수입한 종이의 상표 도안이 국화과의 달리아 꽃이어서, 이 종이를 '국화가 그려진 종이'라는 의미인 '국인판菊印判'이라는 이름을 붙여서 판매했다. 그런데 일본어로 '菊'과 신문新聞의 '聞'을 뜻으로 읽을 때의 일본어 발음이 둘 다 키쿠き

〈로 동일했으므로 발음만 들어서는 '국화가 그려진 종이'라는 뜻도 되고, '소식을 듣는 종이'라는 의미도 된다. 시간이 지나면서 국인판을 국판으로 줄여 부르게 되었고, 이 이름이 오늘날 한국에서도 사용되고 있는 것이다. 국배판은 국판의 2배 크기를 의미한다. 문명은 여러 경로를 통해서 서로 영향을 주고받고 그 결과는 후세에까지 전해지는데, 손에 든 책의 크기에서도 그 흔적을 찾을 수 있는 셈이다.

글자 크기에도 단위가 있다

종이 규격이 정해져 있다면 글자의 크기도 정해져 있을 것이다. 컴퓨터를 이용하는 인쇄 기술이 일반화되기 전까지는 활자를 이용해서 인쇄를 해야 했고, 글자체마다 다양한 크기의 활자가 있었다. 이런 활자의 크기를 나타내는 단위로 쓰이던 것 중 하나가 포인트point다. 포인트는 실제로도 점point으로 보일 만큼 작은 크기다. 어쩐 일인지 글자 크기에도 12진법이 강세여서 12point=1pica(파이카)라고 불렀다. 여느 단위와 마찬가지로, 포인트도 시대마다 동네마다 제각각이었다.

영국, 프랑스, 독일, 미국 등 각국에서 나름대로 포인트라는 단위를 정해서 썼는데, 1포인트는 대략 0.345mm에서 0.377mm 사이에 있었다. 그런데 컴퓨터를 이용한 인쇄술의 발달과 함께 특정 소프트웨어가 인쇄 시장에서 주도적 위치를 차지하게 된다. 어도비Adobe사의 포스트스크립트PostScript라는 인쇄용 언어가 거의 독점적인 영향력을 발휘하게 되면서, 자연스레 여기서 정의된 포인트가 전 세계적인 표준의 자리를 차지하게 되었다. 어도비사가 정한 기준은 1point=1/72인치

=0.3528mm다.

오늘날 사용되는 모든 문서 작성 소프트웨어에는 글자의 크기를 선택할 때 pt라는 단위를 쓰고 있는데, 이 pt가 바로 어도비사에서 정의한 포인트를 의미한다. 활자로 인쇄하던 시절에는 물리적으로 제작할 수 있는 활자의 크기가 작은 쪽과 큰 쪽 모두 제약이 있었지만, 소프트웨어를 이용하면 거의 모든 크기의 글자를 인쇄할 수 있다. 전 세계적으로 중구난방이던 글꼴의 크기가 최신 기술과 소프트웨어에 의해서 통일되었다는 사실은 중요한 의미를 내포한다. 기존의 모든 활자를 아우르는 새로운 도구(소프트웨어)가 자연스럽게 독점적 위치를 점하면서 그간의 혼란을 정리해버렸다는 점이다. 혹여 누군가가 나라마다 달랐던 활자의 크기를 통일하려는 목적으로 각국의 활자 규격을 바꾸려 했다면 어떤 일이 벌어졌었을까? 아마 성공하지도 못했겠지만, 설령 모든 나라가 그에 동의한다 하더라도 실제로 규격을 통일하는 것은 엄청나게 복잡한 일이었을 것이다. 기존의 활자를 모두 폐기하고 새 규격에 따른 활자를 전부 다시 만들었어야 했을 테니까. 그러나 비록 의도한 것은 아니었다 하더라도, 완전히 새로운 도구인 문서 편집 프로그램에서 기준을 정하고, 이 소프트웨어를 보급함으로써 기존의 다양한 기준이 급속히 하나로 정리된 것이다. 무엇인가 혼란스러운 대상을 정리하고 싶다면, 각각의 구성 요소를 모두 손봐가며 정리하는 것보다는 이들을 모두 아우르며 대체하는 완전히 새로운 방법을 추구하는 편이 더 효과적이라는 사실을 보여주는 사례라고 생각된다.

그런데 포인트로 글자 크기를 나타내는 건 알겠는데, 대체 어느 부분의 크기를 가리키는 것일까? 알파벳의 경우 각각의 글자는 높이와 폭이 모두 다르다. 한글의 경우는 모두 같은 높이로 만들 수도 있겠지만, 알파벳은 그럴 수가 없다.

▲ 48point의 알파벳 글자체

알파벳에서 글자체의 크기란 대략 가장 높은 곳에서 가장 낮은 곳까지의 길이를 가리킨다. 하지만 글꼴이 달라지면 꼭 그렇지도 않다. 다음의 두 글꼴은 모두 같은 크기인 48point의 글꼴이다.

▲ 동일한 크기인 48point의 두 글꼴

오른쪽의 글꼴Courier New은 48point지만 실질적으로는 위와 아래 모

두 48point의 범위까지 미치지 못한다. 핵심은, 그럼에도 같은 '크기'의 다른 글꼴과 나란히 있을 때 자연스럽게 보인다는 점이다. 글꼴 디자이너들이 얼마나 힘들었을지 쉽게 상상이 가지 않는가. 알파벳보다 형태가 훨씬 복잡한 한글의 경우에는 아마도 그 어려움이 배가될 것이다.

그런데 종이와 글꼴은 바늘과 실 같은 존재임에도 종이의 규격과 글꼴의 규격 사이에서 별다른 연관성을 찾기 어렵다. 아마도 책을 만들 때 한쪽의 종이에 들어가는 글자의 수가 매우 많아서, 즉 글꼴 입장에서 보면 운동장이 너무 넓어서, 굳이 둘 사이의 연계성을 유지하면서 발전할 필요가 없었기 때문일 수도 있겠다.

미국 나사와 한국 드라이버

가정에서 일상적으로 무언가를 고치거나 돌볼 때, 작업의 많은 부분을 차지하는 것이 나사를 풀거나 조이는 일이다. 사실 나사만 잘 조이고 풀어도 고칠 수 있는 게 많다. 다행히 나사를 풀고 조이는 일에 전문 지식이 필요하지는 않다. 수도꼭지나 냄비 손잡이, 문고리 같은 것들이 헐거워졌다면 드라이버로 나사를 조이면 대부분 간단히 해결된다. 드라이버는 사용 방법이 간단하고, 누구나 직관적으로 쓸 수 있도록 만들어진 물건이다. 특별한 경우를 제외하면 거의 모든 나사가 오른쪽으로 돌리면 잠기고, 왼쪽으로 돌리면 풀린다. 나사 머리의 형상은 일(-)자와 십(+)자 이외에도 육각형이나 별 모양 등 매우 여러 가지가 있지만 일자와 십자 나사가 가장 흔하므로, 대부분의 가정에서는 일자드라이버와 십자드라이버를 갖추고 있는 경우가 많다. 대형 마트 같은 곳에서 파는 가정용 공구 세트에도 일자드라이버와 십자드라이버가 크기별로 몇 가지씩 들어 있다.

그런데 나사를 조이거나 풀다가 나사 머리를 뭉갠 경험이 누구나 한두 번 정도는 있을 것이다. 어떤 일이든 잠그기보다는 풀기가 어려운 법인데, 나사 머리가 망가지는 일도 세게 조여진 나사를 풀다가 일어나기가 쉽다. 특히 나사가 잘 풀리지 않을수록 힘을 주다가 나사 머리가 망가지는 경우가 많다. 당연한 이야기지만, 보통 나사보다는 드라이버가 더 단단한 재질로 만들어져 있다.

일단 나사 머리의 홈이 뭉개지면 나사를 풀기는 훨씬 어려워진다. 이런 상황에 맞닥뜨리면 대부분 이전에 나사를 세게 조여놓은 사람을 원망하기 쉽지만, 이런 일이 일어나는 가장 큰 이유는 사실 나사에 적합한 드라이버를 쓰지 않아서일 때가 많다. 언뜻 보기에는 다 같아 보이는 비슷한 크기의 나사와 드라이버도 규격이 여러 가지다. 눈으로 보기에는 얼추 호환이 될 것처럼 보여도 나사와 드라이버는 서로 딱 맞는 규격이 있다. 기계는 사람처럼 적응력이 있지 않으므로 정해진 짝이 아니면 한쪽이 손상되는 결과에 이르기 쉽다. 비슷하게 맞는 것과 딱 맞는 것의 차이는 아주 작아도, 그로 인한 결과의 차이는 엄청나게 커질 수 있는 것이다.

어떤 나라의 나사 규격이 자기 나라와 다르다고 해서 그것을 가지고 트집을 잡을 나라는 이 세상에 없지만, 현실적으로는 한 가지로 통일된

▲ 나사와 드라이버는 규격이 같아야 손상되지 않는다.

나사를 사용하는 편이 당연히 모두에게 이롭다. 그래서 전 세계 대부분의 나라는 통일된 나사 규격을 사용한다. 이때 기준이 되는 단위는 당연히 미터법이다. 예를 들어 일자 홈을 가진 나사의 크기가 10가지라면 가장 작은 홈은 폭이 0.5mm, 그다음은 0.7mm, 1mm로 정하는 식이다. 하지만 이는 미터법을 사용하는 나라들에 주로 해당되는 이야기이고, 길이를 인치와 피트로 표시하는 미국에서는 당연히 인치 규격의 나사가 주로 사용된다.

그래서 미국에서 가져온 제품에 장착된 나사를 한국에서 쓰이는 드라이버로 풀거나 조이려고 하면 서로 크기가 비슷한 것 같아도 딱 맞지 않는다. 반대의 경우도 마찬가지다. 드라이버와 나사는 동일한 규격에 맞추어서 만들어지는 것이므로, 인치 규격에 맞춰서 만들어진 미국 나사와 미터법 규격에 따른 한국 드라이버는 서로 정확히 맞지 않는다. 나사와 드라이버는 사람보다는 융통성이 부족하기 때문에, 규격이 맞지 않는 나사와 드라이버의 만남은, 짧은 만남이라면 모를까 오래 이어지면 모두가 망가지는 것으로 끝나기 쉽다. 짧은 만남으로는 맞는 짝인지 모를 수도 있는 것이다. 언뜻 봐서는 별문제가 없을 것 같아도 실제로는 전혀 맞는 짝이 아닐 수 있다.

에디슨의 유산

20세기에 이루어진 과학과 기술의 발전 속도는 19세기와는 비교할 수 없을 정도로 빨라졌다. 게다가 컴퓨터와 반도체, 소프트웨어 기술의 발전은 이런 변화의 속도를 더욱 빠르게 만들고 있다. 5년 전에 많이 쓰이던 휴대폰은 무엇이었을까? 아마도 무엇이었는지 떠올리기조차 어려울 것이다. 5년이 되도록 같은 휴대폰을 사용하는 사람을 주위에서 만나보기는 더더욱 어렵지 않을까? 반면, 기본적으로 쇠로 만들어진 물건인 자동차는 10년 전에 만들어진 것이라도 여전히 도로에서 어렵지 않게 볼 수 있다. 그만큼 정보통신 기술은 변화의 속도와 소비가 빠른 분야다. 일반적으로, 전기를 이용하는 기술은 변화가 빠르다고 느껴진다. 과연 그럴까?

　해외여행을 가게 되면 누구나 신경 쓰는 것 중 하나가 방문하는 나라의 전기 규격이다. 전 세계의 콘센트와 플러그 규격이 똑같고 전압도 똑같다면 훨씬 합리적이지 않을까 하는 생각은 여행을 준비하면서 누구나 해봤을 것이다. 하지만 온 세상의 모든 건물에 설치된 전기 콘센트의 규격을 모두 바꾸는 일은 거의 현실성이 없다.

전기는 19세기 말 미국에서부터 대중적으로 공급되기 시작했다. 전구의 발명가로 알려진 에디슨은 실용적인 수명을 가진 전구뿐 아니라 발전 및 송전 등 전기를 사용하는 데 필요한 여러 시스템을 만들어냈다. 사실 에디슨이 제안한 전기 공급 시스템은 시장에서 자리 잡지 못하고 밀려났다. 그럼에도 그의 흔적은 우리 주변에 여전히 확고하게 남아 있다. 오늘날 미국에서 가정에 공급되는 전기의 전압은 120V인데, 이 값도 에디슨이 시작한 100V에서 시작되었다가 전송 효율을 높이기 위해서 조금씩 높여서 120V에 이르렀다. 한국에서도 처음에는 100V가 사용되다가 1960년대부터 점차적으로 220V로 전환해서 현재는 모든 가정에 220V가 공급되고 있다. 지금의 모습은 달라도 전기의 시작은 모두 에디슨이었던 셈이다.

전구에는 에디슨의 흔적이 더 진하게 남아 있다. 돌려서 끼워 넣는 전구의 나사 직경을 표기할 때는 E26, E14와 같은 식으로, 나사의 직경을 밀리미터로 표시한 숫자 앞에 'E'를 붙여서 표기한다. 이때 E가 '에디슨Edison'을 의미하며, 이런 전구를 에디슨 나사Edison screw 전구라고 부른다. 지금은 에디슨이 발명한 백열전구가 사라지고 LED를 이용해서 빛을 내는 전구가 사용되고 있지만, 전구 나사의 규격은 예나 지금이나 변화가 없다. 기술의 변화는 빠를지 몰라도, 규격은 어지간해서는 변화하지 않는 법이다.

에디슨이 가정에 공급되는 전압을 100V로 정한 것은 기술적 이유보다는 마케팅에 유리하기 때문이었다. 사실 전압을 정확히 100V로 정할 필요는 없었지만, 100이라는 숫자가 사람들이 외우기 쉽고, 당시 기

▲ 에디슨 나사 전구 규격을 사용한 다양한 전구들.
과거의 백열 전구와 지금의 LED 전구는 내용은 달라도 나사 규격은 같다.
Dmitry G, Geoffrey.landis/wikimedia commons.

술로 100V의 전압에서 쓸 만한 밝기를 가진 전구를 만들기가 어렵지 않았기 때문이었다. 명칭이나 규칙은 단순하고 자연스러울수록 잘 받아들여진다는 사실을 에디슨이 정확하게 파악하고 있었던 셈이다. 그와 같은 시대에 활약했던 수많은 과학자들이 단위에 이름을 남길 때, 발명가이자 사업가였던 에디슨은 비록 단위에 자신의 이름을 남기진 못했지만 전기 규격에 자신의 흔적을 진하게 남기고 있다. 단위와 규격 사이에는 과학과 발명만큼의 거리가 있지만, 에디슨은 자신의 영역에서 크나큰 영예를 얻었다고 할 수 있지 않을까.

규격은 단위와는 다른 개념이지만, 규격을 정하려면 단위가 반드시 필요하다. 비단 전구의 나사 크기뿐 아니라 오늘날의 거의 모든 것은 규격을 통해서 정해져 있다. 전기, 각종 건축 자재, 통신, 컴퓨터, 교통 모든 것이 규격이 있기 때문에 안심하고 사용할 수 있는 것이다. 결국 단위가 모든 문명의 기반이 되어 떠받치고 있다고 해도 틀리지 않은 이야기다.

사물에도 단위가

'신발 한 켤레', '자동차 두 대', '집 한 채', '옷 두 벌'과 같은 표현에서 '켤레', '대', '채', '벌'과 같은 단어들은 특정 사물의 수를 나타낼 때 이외에는 쓰이지 않는다. 자동차의 수를 셀 때 '켤레'를 쓰지 않고, 옷의 수를 셀 때 '채'라고도 하지도 않는다. 이는 사물마다 수를 세는 단위가 정해져 있다는 의미다. 국문법에서는 이런 종류의 단어를 의존명사에 속하는 것으로 분류하는데, 의존명사 중에는 한자로 된 것도 많다. 건물을 셀 때 두 '동棟' 혹은 두 '채'로 부르는 것에서 보듯, 우리말과 한자가 모두 쓰이기도 한다.

이런 방식은 한국뿐 아니라 일본과 중국에서도 마찬가지다. 동양에서는 사물의 개수를 셀 때 종류에 따라 다른 단위가 쓰이는 반면, 영어를 비롯한 서구 언어에서는 사물을 셀 때 별도의 단위를 쓰지 않는다. 사물마다 다른 단위를 쓴다는 것은 물리량마다 다른 단위를 쓰는 것과 마찬가지 개념이다. 길이와 넓이를 표현할 때의 단위가 다르고 무게와 시간의 단위가 다르듯 집과 옷의 개수를 표현하는 단위가 다르고 가구와 이동 수단, 동물과 사람을 셀 때 서로 다른 단위를 쓰는 것은 의미 전달을 분명하게 하려는 의도가 들어 있기도 하고, 사물을 바라보는 시각의 차이 때문이기도 하다. 특정 사물에 그것만을 위한 의존명사가 있다는 사실은 그 사물을 사람들이 특별하게 대접하고 있다는 의미에 다름 아니다. 결국 사물에 단위가 부여된 것이다.

그런데 같은 사물이어도 적용되는 단위가 다르면 뉘앙스가 달라진다. 사람을 셀 때 쓰이는 단위에도 '명名', '분分', '인人'과 같이 여러 가지가 있다. 게다가 '놈', '년'과 같은 순수 한국어 단어까지 포함하면 한국어에서 사람을 세는 단위의 종류는 더욱 많아진다. 비단 사람의 수를 세는 단위에만 해당되는 일은 아니지만, 비속어로 받아들여지는 단위는 모두 순우리말이라는 사실은 어딘지 모르게 거북하다. 아무래도 해독 능력을 가진 사람의 수가 적은 한자어가 더 고급의, 우아한 표현으로 자리 잡기에 유리했던 것이 이유가 아닌가 싶다.

생각해보면 언어 표현에서 이런 현상이 유독 한국에서만 나타나는 특별한 현상이라고 보기도 어렵다. 서구에서 언어로 자신을 뽐내고 싶을 때, 일반적으로 별도의 교육을 받은 사람만이 이해할 수 있는 라틴어 표현을 사용하거나, 중국에서 고전 문헌이나 작품의 구절을 인용하는 것도 따지고 보면 마찬가지 동기에서 비롯된 행동이다. 소수의 사람만이 사용할 수 있는 도구를 사용하면 나머지 사람들과는 자연스레 구분되게 마련이고, 사물의 단위는 그런 기준을 사물에까지 확장시킨 것에 불과하다. 차별과 텃세는 인간의 본능이라는 점을 떠올려보면 쉽게 이해가 된다.

단위의 근본적인 목적이 '구분'이라는 점을 떠올린다면 의존명사는 엄청나게 복잡하고 정교한 단위다. 인간은 항상 모든 것을 구분하려는 성향을 타고났고, 언어를 통해서 그런 특성이 드러난 것이다. 어쩌면 언어가 그런 성향을 부추기는 것일지도 모르지만, 언어는 사람에 의해서 만들어지므로 어느 쪽이건 결과는 마찬가지가 아닐까 싶다.

무엇인가 가치 있는 대상에게만 붙여지는 훈장과 같은 명사 중에서 삶에 가장 큰 영향을 미치는 것 하나를 꼽으라면 과연 무엇일까? 생각하기에 따라선 오늘날 전혀 가치가 없어 보이기도 하고, 동시에 가장 가치 있어 보이기도 하는 혼란의 대상에게 붙는 명사는 혹시 '표票'가 아닐까?

에필로그

감성과 이성은 흔히 서로 대비되는 개념으로 받아들여진다. 어디에서 나 한쪽에는 예술가처럼 감성이 남달리 풍부한 것으로 여겨지는 사람들이 있는 반면, 다른 한쪽에는 과학자나 엔지니어들처럼 이성이 더 지배적으로 작용하는 정신세계를 가진 것으로 치부되는 사람들이 존재한다. 대부분의 우리들은 자신이 중간 어딘가에 있다고 여긴다. 상당히 이분법적이고 단순화한 접근법이지만, 설득력이 있는 면도 분명히 있다. 흥미롭게도, 감성과 이성이란 단어와 개념이 인간에 의해서 만들어졌음에도 인간 스스로도 감성과 이성이 정확히 어떤 것인지는 모른다. 예술가적 소양이 풍부하다는 사람들이 가진 감성이란 대체 무엇을 의미하며, 그 반대편에 위치한, 냉철함이 지배적이라는 이공계 사람들의 이성이란 어떤 것을 가리키는 것일까?

사고의 논리성의 유무는 이 둘을 구분하는 적절한 잣대가 아니다. 극단적으로 감성이 풍부한 예술가라도 충분히 논리적일 수 있고, 탐구 정신으로 똘똘 뭉친 과학자라도 논리적 사고력은 얼마든지 부족할 수 있다. 어쩌면 감성과 이성을 가장 확연하게 구분하는 것 중 하나는 숫자일지도 모른다. 숫자의 사용 여부와 빈도, 혹은 사용 가능성이 이 둘의 차이를 극명하게 보여주는 것이라고 해도 그다지 엉뚱하지 않을 것이다.

어떤 대상이건 숫자를 사용해서 표현하면 모든 것이 객관화된다. 감정이 배제되는 것이다. 물건의 가격, 스포츠 경기의 내용과 결과, 기업의 경영성과, 집의 크기, 개인의 재산, 체격… 숫자를 이용하는 객관화의 목록은 끝이 없다. 감정이 객관화되는 것을 꺼리기 때문인지, 오늘날의 사람들이 사용하는 언어는 감정 표현에서 대체로 숫자를 배제한다. 자신의 연인을 하늘만큼 땅만큼, 죽도록 사랑한다는 남녀는 예나 지금이나 어디에서든 찾아볼 수 있지만, 연인을 100점 만점에 100점, 99점, 73점, 38점만큼 사랑한다고 표현하는 사람은 없다. 앞으로는 자주 만나자고 하는 친구는 있어도 30일에 한 번씩 보자고 이야기하는 사람은 없다. 숫자는 냉철하고 냉혹하게 현실을 밝혀주는 조명등이면서, 필요하긴 해도 너무 가까이 하기는 꺼려지는 수사관과도 같다.

시나 노래 가사에서 숫자가 좀처럼 사용되지 않는 것도 이런 개념의 연장선상에 있을지 모른다. 아마 숫자는 태생적으로 너무나 구체적이고 객관적이어서 모호함의 여지를 주지 않기 때문에 무의식적으로 이루어지는 결과일 것이다. '라일락 피어나는 어느 봄날'과 '2017년 5월 5일'은 현실에선 같은 날이 될 수 있을지 몰라도 노래 가사에서는 그렇지 않다. 숫자는 여간해서는 여지를 주지 않는다.

숫자를 좋아하는 사람도, 그렇지 않은 사람도 있겠지만 오늘날의 삶 어디에서고 숫자 없이 이루어지는 것은 거의 없다. 그리고 숫자의 사용은 필연적으로 단위를 수반한다. 사실상 단위 없이 사용되는 숫자는 없다. 숫자의 그늘에 가려 있지만, 그만큼 단위는 필수적인 존재가 되어 있는 셈이다. 정부가 제시하는 경제 성장도, 기업의 경영도, 학교, 가정, 개인의 삶 어디에서나 숫자와 단위가 함께할 때 더욱 구체적이고 실현 가능성이 높은 목표가 만들어진다.

그리고 단위는 대상을 바라보는 잣대다. 잣대라는 게 별것 아닌 것 같아도, 나와 남이 사용하는 잣대가 다를 때 어떤 일이 벌어지는지는 누구나 경험적으로 알고 있다. '남의 눈에 티 든 것은 보아도 제 눈의 서까래는 보지 못한다'는 속담은 서로 적용하는 잣대가 다른 상황을 적나라하게 웅변한다. 아마도 타인에게 적용하는 단위와 자신에게 적용하는 단위가 같다면 삶은 훨씬 편안하고 단순한 모습을 띠고 있을 것이다. 그러나 인간은 태생적으로 주관적이다. 누구나 자신의 감각으로만 세계를 바라보도록 만들어져 있으니 그럴 수밖에 없는 노릇이다. 그럼에도 모두가 한없이 주관적이기만 했다면 인간이라는 종이 오늘날과 같은 문명을 이루고 지금의 사회를 만들지는 못했을 것이다. 서로 다른 관점, 서로 다른 기준을 하나로 만들기 위한 노력은 서로에 대한 이해나 관심만으로 결실을 맺을 수 없다. 그러므로 지금의 모습은 어쩌면 강압이나 폭력을 통해서, 그리고 동시에 이성과 논리를 통해서 이루어진 것에 가깝지 않을까. 오히려 철저하게 감정을 배제한 접근의 결과물이라고 보아도 그리 틀린 말은 아닐 것이다.

그 과정에 모두의 잣대로서 역할을 한 것이 도량형이고 단위다. 도량형이 사람들 사이의 잣대였다면, 과학의 발전이 만들어낸 다양한 단위는 인간과 자연 사이의 잣대 역할을 한다. 물론 단위는 일방적으로 인간이 자연에 들이대는 잣대이긴 하지만, 그래도 단위는 사람보다 훨씬 일관성을 갖고 있기 때문에 인간은 언제나 자연을 동일한 관점에서 바라볼 수 있었다. 인간이 자연에 대해 많이 알게 되면서 오늘날의 문명이 만들어졌다는 것이 자명하므로 오늘날 우리가 살아가는 모습은 단위의 발전과 함께했다고 이야기해도 큰 무리가 아니다.

단위라는 무형의 개념을 통해서 과학이나 기술만이 아니라 일상과 문명을 다양한 관점에서 바라보는 내용을 정리해보고 싶었다. 그렇다고 단위의 역사를 탐구하거나, 수많은 단위에 대한 해설서를 쓰려는 의도는 처음부터 전혀 없었다. 사실 오늘날처럼 인터넷이 활성화된 시대에는 특정 항목에 대한 정보는 검색을 통해서 어렵지 않게 구할 수 있기도 하다.

인간이 만들어낸 것이면서도, 없으면 누구를 막론하고 당장 문제가 될 정도로 중요함에도 그 가치가 어지간해서는 쉽게 와 닿지 않는 것들은 많다. 전기, 도로, 상하수도와 같은 기반 시설, 자동차, 건물, 문자, 언어, 인터넷, 통신 시설… 누구라도 흔히 떠올릴 수 있는 것들이다. 이런 것들의 목록에 단위가 추가되어도 좋지 않을까? 생각해보면 단위가 없었다면 이런 결과물들은 하나도 만들어지지 못했을 것 아닌가. 또한 자연과 우주를 바라보는 시각도 지금 같지는 못했을 것이다. 단위는 문명을 지탱하는 중요한 다리이면서 멋진 경치를 바라볼 수 있는 창을 만들어준 것이 아닐까 싶다. 최고의 과학과 기술이 결합해서 아주 정교하고 세심하게 만들어져 있는, 세상을 보는 멋진 창을.

국제단위계에 대한 간략한 해설

국제단위계International System of Units는 미터법을 바탕으로 최첨단의 과학과 기술을 이용해서 규정해놓은 단위계이다. 또한 세계적으로 유일한 표준으로 사용되고 있는 단위계이기도 하다. 국제단위계는 프랑스어 'Système international d'unités'의 약자인 'SI 단위계'라고도 불린다. 미터법을 근거로 전체적인 체계가 구성되어 있는데, 미터법에서 정의한 기본 단위인 길이, 시간, 질량 중 질량의 기본 단위인 그램은 일상적으로 사용하기에는 너무 작은 값이어서 이의 1,000배인 킬로그램을 기본 단위로 사용한다. 오늘날에는 미터법 이외의 모든 단위계가 실제로는 국제단위계를 기준으로 하여 규정되어 있다.

국제단위계는 레고 블록과 같아서 기본 요소들을 조합하여 인류가 지금껏 알아낸 모든 물리량을 표현하도록 되어 있다. 기본이 되는 7개의 단위가 정해져 있으며, 이들 기본 단위를 조합해서 만들어진 단위를 유도 단위라고 부른다. 또한 모든 단위에서 작은 값이나 큰 값을 표시할 때 공통적으로 사용하는 접두어가 정의되어 있다.

국제단위계는 불변의 기준이 아니며 과학기술의 발전과 더불어 계속 바뀌고 있다. 현재도 질량kg, 전류A, 온도K 및 물질량mol에 대해 새로운 정의를 적용하려는 시도가 이루어지고 있으며, 특히 유일한 인공 표준인 질량을 자연표준으로 대체하려는 노력이 지속되고 있다. 자세한 내용은 국제도량형사무국BIPM 홈페이지www.bipm.org에서 찾아볼 수 있다.

기본 단위
||||||||||||||||||||||||

국제단위계는 상당히 복잡해 보이지만 실질적으로는 7개의 기본 단위가 전부라고 해도 틀리지 않다. 그 외의 모든 단위는 기본 단위 몇 가지를 곱하거나 나누는 조합을 이용해서 만든 것이다. 굳이 표현하자면 모든 단위는 기본 단위의 조합으로 표현이 가능하다. 하지만 이는 기본 단위로 표현되는 7가지 물리량이 자연을 구성하는 기본 요소라는 의미는 아니다. 지금은 기본 단위의 조합으로 구성되어 있는 유도 단위들을 기본 단위로 정해도 나머지 물리량을 표현할 수 있기는 마찬가지다. 그러므로 과학적 측면에서 보자면 기본 단위 7가지는 임의로 선택된 것들이라고 할 수 있다. 뒤집어 이야기하면, 지금까지 규정된 모든 단위 중 어느 7가지를 기본 단위로 정해도 나머지 단위를 모두 규정할 수 있

다. 현재 기본 단위로 정의되어 있는 것은 길이, 질량, 시간, 전류, 온도, 물질량, 광도의 7가지이다.

이름	기호	물리량	정의
meter(미터)	m	길이	빛이 진공에서 1/299,792,458초 동안 진행한 경로
kilogram(킬로그램)	kg	질량	국제 킬로그램원기의 질량(자연표준으로 대체될 예정)
second(초)	s	시간	세슘−133 원자의 바닥상태에 있는 두 초미세 준위 사이의 전이에 대응하는 복사선의 9,192,631,770주기의 지속 시간
ampere(암페어)	A	전류	무한히 길고 무시할 수 있을 만큼 작은 원형 단면적을 가진 두 개의 평행한 직선 도체가 진공 중에서 1m의 간격으로 유지될 때, 두 도체 사이에 매 m당 $2×10^{-7}$N의 힘을 생기게 하는 일정한 전류
kelvin(켈빈)	K	온도	물의 삼중점의 열역학적 온도의 1/273.16
mole(몰)	mol	물질량	탄소 12의 0.012kg에 있는 원자의 개수와 같은 수의 구성 요소를 포함한 어떤 계의 물질량
candela(칸델라)	cd	광도	진동수 $540×10^{12}$Hz인 단색광을 방출하는 광원의 복사도가 어떤 주어진 방향으로 매 sr(스테라디안)당 1/683W일 때 이 방향에 대한 광도

▲ 국제단위계의 7가지 기본 단위

역사에 존재했던 모든 도량형과 단위계와 마찬가지로 국제단위계도 가급적이면 불변의 기준을 갖추려고 노력한 결과물이다. 그 결과 현재 7가지 기본 단위 중에서 질량을 제외한 6가지가 인공물이 아닌, 자연 현상을 기준으로 규정되어 있다. 유일하게 인공표준에 의지하고 있는

질량의 정의만 자연표준을 이용하는 것으로 바뀌면, 인간이 알고 있는
모든 물리량을 자연표준에 근거해서 표현할 수 있게 된다.

유도 단위

기본 단위가 아닌 모든 단위들은 기본 단위의 곱과 나누기로 표현할
수 있으며, 이런 단위들을 유도 단위라고 부른다. 예를 들어 힘의 단위
인 1N은 1kg의 질량을 가진 물체를 $1m/s^2$의 가속도로 가속시키는 힘
이므로 기본 단위만을 이용해서 표현하면 $1kg \cdot m/s^2$이 된다. 힘의 단
위 N이 질량의 단위 kg, 길이의 단위 m, 시간의 단위 s의 곱과 나누기
로 표현 가능한 것이다. 방송이나 통신에서 쉽게 찾아볼 수 있는 주파
수의 단위 Hz(헤르츠)는 초당 반복횟수를 의미하므로 물리량으로 보면
$1/s$가 되고, 전기 기기의 전력 소모량을 나타내거나 자동차 엔진의 출
력을 표시할 때 쓰이는 일률의 단위 W(와트)는 $kg \cdot m^2/s^3$이므로 질량,
길이, 시간을 이용해서 표시된다. 이처럼 모든 유도 단위는 기본 단위
의 조합으로 표현 가능하다.

이름	기호	어원이 된 인명	물리량	기본 단위로 표현한 단위
radian(라디안)	rad		원의 부채꼴에서 반지름의 길이에 대한 호의 길이의 비율	$m \cdot m^{-1}$ (차원이 없음)
steradian (스테라디안)	sr		반지름이 r인 구에서 표면에 r^2의 면적을 만드는 입체각	$m^2 \cdot m^{-2}$ (차원이 없음)
hertz(헤르츠)	Hz		진동수	s^{-1}
newton(뉴턴)	N	Newton	힘	$kg \cdot m \cdot s^{-2}$
pascal(파스칼)	Pa	Pascal	압력	$kg \cdot m^{-1} \cdot s^{-2}$
joule(줄)	J	Joule	일	$kg \cdot m^2 \cdot s^{-2}$
watt(와트)	W	Watt	일률	$kg \cdot m^2 \cdot s^{-3}$
coulomb(쿨롱)	C	Coulomb	전하량	$s \cdot A$
volt(볼트)	V	Volta	전압	$kg \cdot m^2 \cdot s^{-3} \cdot A^{-1}$
farad(패럿)	F	Faraday	전기 용량	$kg^{-1} \cdot m^{-2} \cdot s^4 \cdot A^2$
ohm(옴)	Ω	Ohm	전기 저항	$kg \cdot m^2 \cdot s^{-3} \cdot A^{-2}$
siemens(지멘스)	S	Siemens	전기 전도도	$kg^{-1} \cdot m^{-2} \cdot s^3 \cdot A^2$
weber(웨버)	Wb	Weber	자속	$kg \cdot m^2 \cdot s^{-2} \cdot A^{-1}$
tesla(테슬라)	T	Tesla	자속 밀도	$kg \cdot s^{-2} \cdot A^{-1}$
henry(헨리)	H	Henry	인덕턴스	$kg \cdot m^2 \cdot s^{-2} \cdot A^{-2}$
degree Celsius (섭씨 도)	℃	Celsius	온도	K
lumen(루멘)	lm		광속	cd

lux(럭스)	lx		조도	$m^{-2} \cdot cd$
becquerel (베크렐)	Bq	Becquerel	방사능 활동도	s^{-1}
gray(그레이)	Gy	Gray	방사선 흡수량	$m^2 \cdot s^{-2}$
sievert(시버트)	Sv	Sievert	방사선 흡수선당량	$m^2 \cdot s^{-1}$
katal(캐탈)	kat		촉매 활성도	$mol \cdot s^{-1}$

▲ 국제단위계의 유도 단위

접두어

미터법과 국제단위계가 여타 단위계와 차별되는 대표적인 대목이 이 것이다. 1을 기준으로 1,000배씩 증가하거나, 1/1,000씩 감소할 때마다 단위의 종류에 관계없이 동일한 접두어를 사용해서 표시한다. 실용적으로 많이 쓰이는 10배, 100배, 10분의 1, 100분의 1에도 접두어를 사용한다.

1g의 1,000배, 1m의 1,000배를 표시할 때에는 두 단위 모두 1,000배를 의미하는 k(kilo)를 앞에 붙여 1kg, 1km와 같이 표시하고, 1/1,000배를 표시하고자 할 때에는 1/1,000을 의미하는 m(milli)를 붙여서 1mg, 1mm와 같이 표시한다. 1,000배의 1,000배인 10^6을 뜻하는 접두어는 M(mega, 메가), 10^6의 1,000배인 10^9을 의미하는 접두어는 G(giga, 기가)이다.

그러나 접두어는 어느 정도 실용성을 고려해서 사용된다. 예를 들어 대한민국의 면적은 약 10만km²이고, 이를 국제단위계에 규정된 접두어를 그대로 사용해서 표기하면 100Gm²(기가제곱미터)라고 해야 하지만, 면적의 단위에서는 k(킬로) 이외의 접두어는 잘 쓰이지 않는다. 무게나 길이의 경우에도 큰 값을 표시할 때에는 k 이외의 접두어는 잘 사용하지 않는다. 반면 아주 작은 값을 표현할 때에는 1μm, 1nm 등 국제단위계에 규정된 접두어가 사용되는 경우가 많다. 한마디로, 물리량과 크기에 따라 관습적으로 통용되는 접두어가 존재하고 있으며, 큰 값의 경우에는 k(킬로) 이상의 접두어가 잘 사용되지 않는다. 다만 정보통신 분야에서는 M(메가), G(기가), T(테라) 등의 접두어가 종종 사용된다. 국제단위계가 매우 체계적이긴 하지만, 사람에게는 도량형이나 단위에 관한 한 본질적으로 규정보다는 익숙함을 우선시하는 태도가 있음을 알 수 있다.

	이름	기호		이름	기호
10^{24}	yotta(요타)	Y	10^{-1}	deci(데시)	d
10^{21}	zetta(제타)	Z	10^{-2}	centi(센티)	c
10^{18}	exa(엑사)	E	10^{-3}	milli(밀리)	m
10^{15}	peta(페타)	P	10^{-6}	micro(마이크로)	μ
10^{12}	tera(테라)	T	10^{-9}	nano(나노)	n
10^{9}	giga(기가)	G	10^{-12}	pico(피코)	p
10^{6}	mega(메가)	M	10^{-15}	femto(펨토)	f

10^3	kilo(킬로)	k	10^{-18}	atto(아토)	a
10^2	hecto(헥토)	h	10^{-21}	zepto(젭토)	z
10^1	deca(데카)	da	10^{-24}	yocto(욕토)	y

▲ 국제단위계의 접두어

컴퓨터와 국제단위계의 접두어

컴퓨터 분야에서는 메모리나 저장장치의 용량을 표현하려면 굉장히 큰 수를 표시해야 하므로 512GB(기가바이트), 12TB(테라바이트)와 같은 식으로 국제단위계의 접두어를 많이 사용한다. 그런데 이때 용량 표현에 쓰이는 접두어는 국제단위계에서 정의한 의미와는 일치하지 않는다. 메모리의 저장 용량을 표시할 때 쓰이는 바이트Byte와 비트bit는 물리량이 아니라 메모리의 크기를 지칭하는 의존명사이므로 국제단위계에 규정되어 있는 단위도 아니다. 이렇게 컴퓨터 분야에서 용량을 표시할 때 사용되는 접두어의 정의는 국제단위계와는 다르지만, 두 접두어가 의미하는 크기는 상당히 비슷하다.

기호	이름	국제단위계에서의 의미	컴퓨터 용량 표현에서의 의미
k	kilo(킬로)	$10^3=1,000$	$2^{10}=1024 \fallingdotseq 10^3$
M	mega(메가)	$10^6=1,000,000$	$2^{20}=1024^2 \fallingdotseq 10^3 \times 10^3=10^6$
G	giga(기가)	$10^9=1,000,000,000$	$2^{30}=1024^3 \fallingdotseq 10^3 \times 10^3 \times 10^3=10^9$
T	tera(테라)	$10^{12}=1,000,000,000,000$	$2^{40}=1024^4 \fallingdotseq 10^3 \times 10^3 \times 10^3 \times 10^3=10^{12}$

▲ 컴퓨터의 용량 표현에 쓰이는 접두어

그러므로 메모리 용량 $64GB = 64 \times 2^{30}B = 64 \times 1024^3 = 64 \times$ 1,073,741,824B, 약 $64 \times 10^9 B$가 된다.

올바른 단위 표기 방법

국제단위계의 표기법도 규정되어 있다. 과학기술 문헌에서 사용될 경우에는 까다로운 규칙이 있지만 일상적으로는 몇 가지만 주의하면 된다.

• 숫자와 단위 기호 사이는 한 칸 띄어 쓴다. 가장 흔히 범하는 실수이지만 일반적인 문헌에서는 거의 지켜지지 않는다. 단 평면각의 도, 분, 초의 기호와 수치 사이는 띄지 않는다. (참고로 이 책에서도 일반 독자를 위한 책임을 감안해 관례에 따라 숫자와 단위 사이에 빈 칸을 넣지 않고 표기했다.)

100 m (○)
100m (×)
25°, 25°23′, 25°23′27″ (○)
25 °, 25 °23 ′, 25 °23 ′27 ″ (×)

• 단위 기호는 기울임체를 쓰지 않는다.

100 m (○)

100 *m* (×)

• 단위 기호가 여러 개 겹칠 때는 기호 사이에 가운뎃점 혹은 빈칸을
 둔다.

9.8 kg·m/s^2 (○)

9.8 kg m/s^2 (○)

9.8 kgm/s^2 (×)

• 접두어를 겹쳐서 쓰지 않는다.

100 µg(마이크로그램) (○)

100 mmg(밀리밀리그램) (×)

• 사람의 이름에서 딴 기호의 첫 글자는 대문자로 쓴다. 단, 부피를 나
 타내는 L(리터)는 인명을 딴 것이 아니지만 알파벳 소문자 l, 숫자 1
 과의 혼동을 방지하기 위해서 예외적으로 대문자로 쓴다.

100 Hz (○)

100 hz (×)

100 L 음료수 병 (○)

100 l 음료수 병 (×)

• 단위 이름을 영문으로 표기할 때는 알파벳 소문자로 쓴다(섭씨온도는 예외이다). 단, 문장의 처음에 쓸 때는 첫 글자를 대문자로 쓴다.

newton (○)

Newton (×)

degree Celsius (○)

degree celsius (×)

• 백분율(%)은 국제단위계의 기호가 아니지만, 표기 규정이 있다. 숫자와 % 사이는 한 칸 띄어야 한다. 이 또한 일반적으로는 거의 지켜지지 않는다. 또한 'percent', '퍼센트', '프로' 등의 이름을 단위 기호로 사용하지 않는다.

100 % (○)

100% (×)

100 percent (×)

100 퍼센트 (×)

100 프로 (×)

찾아보기

단위로
읽는 세상